彩图1 手绘是方案创意阶段的表达手段

彩图2 计算机辅助解决的是深化设计阶段

彩图3 起居室与餐厅通透性空间
室内气氛的营造与画面透视类型、绘制内容的确定有着密切的关系

彩图 4　界面是室内空间的基面，所形成的透视主宰空间大的格局
依附于界面的家具陈设布置形式是影响画面意趣的要素

彩图 5　高耸的别墅客厅空间表达，运用一点透视法绘制，运用对称手法安排左右界面，
将视线直接引入趣味中心的壁炉装饰墙面，让画面更显大气，高雅

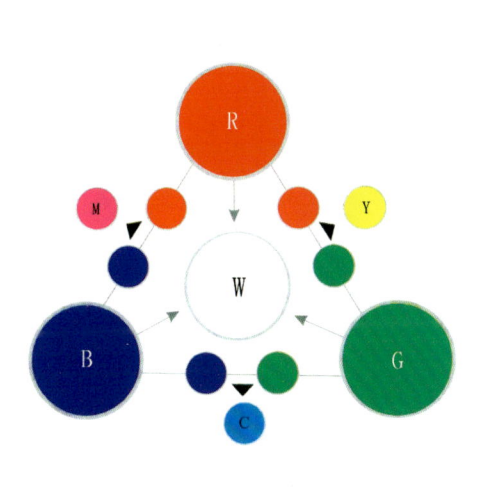

彩图 6　加色混合

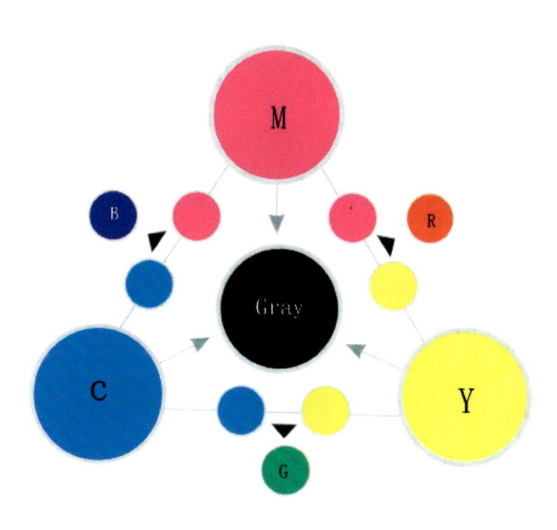

彩图 7　减色混合

彩图 8　加黑 24 色相环

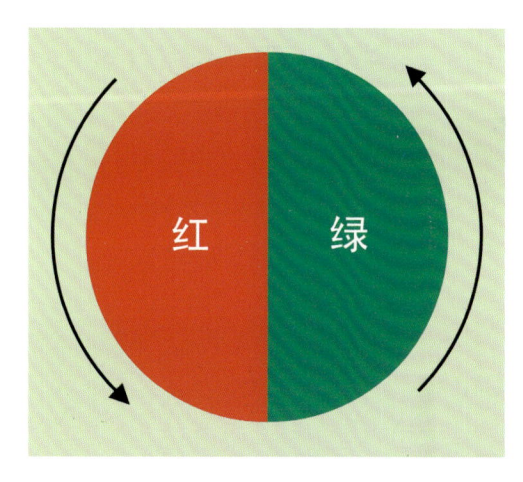

彩图 9　色盘旋转混合

彩图 10　空间混合

彩图 11　《莱斯利》克洛斯

彩图 12　色相强度序列表

彩图 13　色相、明度、纯度测量表

彩图 14　同时对比的错视现象

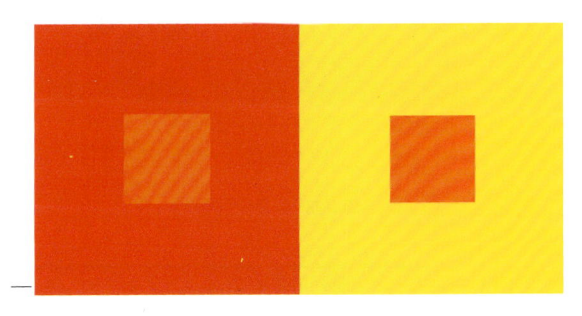

彩图 15　色相同时对比

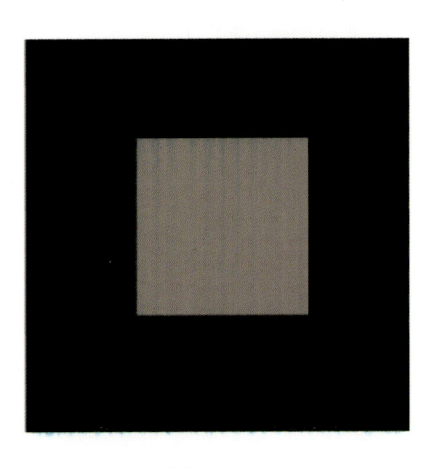

彩图 16　明度同时对比

彩图 17　钢笔与马克笔的结合表现

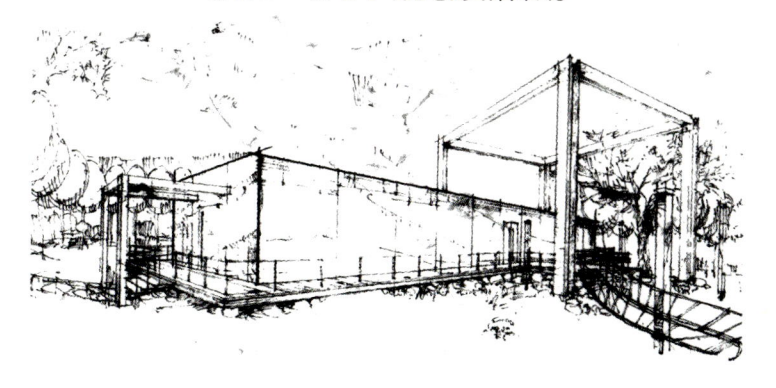

彩图 18　通过线条的轻重、粗细变化使得建筑的表现明朗、利落

彩图 19　马克笔表现图

彩图 20　马克笔表现室内

彩图 21　马克笔表现室外景观

彩图 22　马克笔色彩的混合来表现景观

彩图 23　单色重叠

彩图 24　同色系渐变

彩图 25　马克笔的笔触表现

彩图 26　某客厅马克笔绘制完成稿

彩图 27　调整后的室外效果图完成稿

彩图 28　草图绘制完成稿

彩图 29　彩色铅笔绘制表现图画面明快、艳丽，其色彩起到调节气氛的作用

彩图 30　使用水溶性彩色铅笔一般采用干湿结合的画法，
常用的有 24 色、36 色、48 色等供选择，主要取决于个人的习惯

彩图 31　采取降低或提高纯度的表现方法

彩图 32　彩色铅笔室内表现完稿图

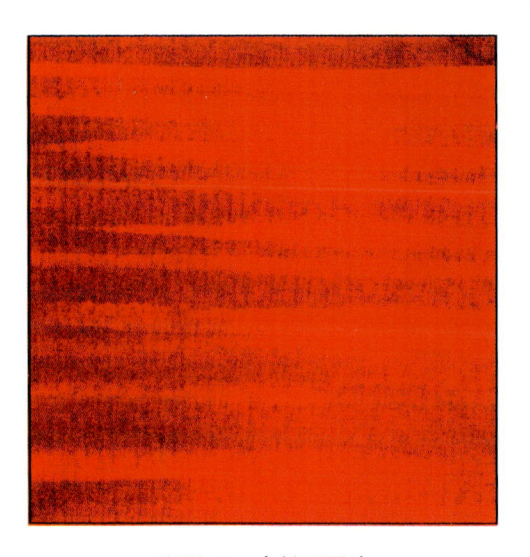

彩图 33　水粉干画法

彩图 34　水彩干画法　高冬作

彩图 35　水彩湿画法　高冬作

彩图 36　喷绘技法表现光源的感觉

彩图 37　喷绘技法表现玻璃窗及墙面的质感

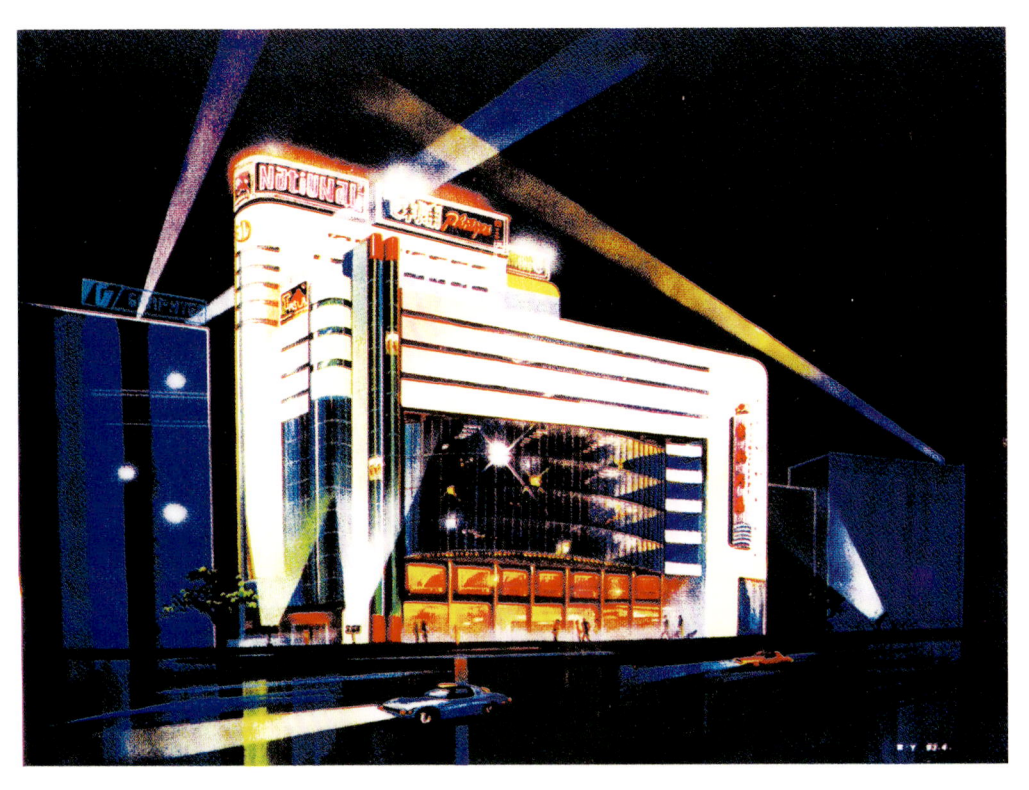

彩图 38　吉利大厦（喷笔）赵茵

彩图 39　综合表现技法绘制步骤解析步骤(二)

彩图 40　综合表现技法绘制步骤解析步骤(三)

彩图 41　客厅单体组合表现解析步骤(二)

彩图 42　色彩运用效果

彩图 43　平面图着色

彩图 44　立面图着色

彩图 45　着色绘制

彩图 46　卧室效果图着色

彩图 47　室外装饰图中汽车的表现技法

彩图 48　灯具与光影的表现技法　　　　　　　　彩图 49　窗帘

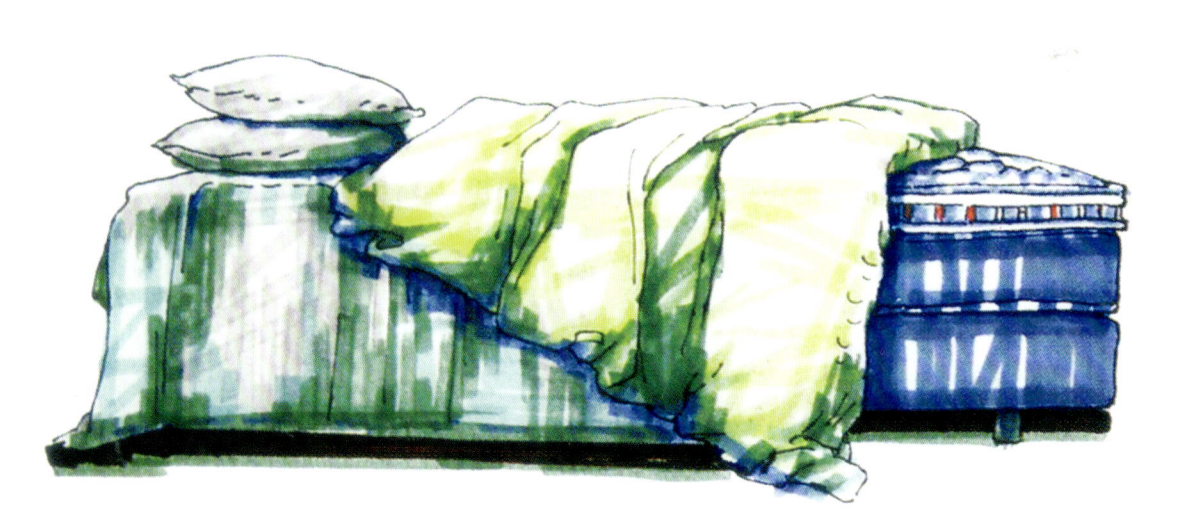

彩图 50　床单、被罩画法

彩图 51　地毯画法

彩图 52　小型室外空间前景着色

彩图 53　小型室外空间中景着色

高等职业教育土木建筑类专业教材

建筑装饰表现技法
（第2版）

主　编　曹竑楠　江尔德
副主编　赵　迪　宋丽丽　张　晶
参　编　杨方芳

北京理工大学出版社
BEIJING INSTITUTE OF TECHNOLOGY PRESS

内 容 提 要

本书共分为7个项目，主要内容包括概论、建筑装饰表现图透视绘制基础、建筑装饰表现图绘制基础、钢笔表现技法、淡彩表现技法、设计草图表现技法和室内外空间表现方法等。

本书可作为高职高专建筑装饰技术等相关专业的教材，也可作为建筑装饰设计人员、施工人员以及美术工作者的实用参考用书和岗位培训用书。

版权专有　侵权必究

图书在版编目(CIP)数据

建筑装饰表现技法/曹竑楠，江尔德主编.—2版.—北京：北京理工大学出版社，2023.1重印
ISBN 978-7-5682-6180-7

Ⅰ.①建… Ⅱ.①曹…②江… Ⅲ.①建筑装饰—建筑画—绘画技法 Ⅳ.①TU204

中国版本图书馆CIP数据核字（2018）第193001号

出版发行 / 北京理工大学出版社有限责任公司
社　　址 / 北京市海淀区中关村南大街5号
邮　　编 / 100081
电　　话 / （010）68914775（总编室）
　　　　　（010）82562903（教材售后服务热线）
　　　　　（010）68944723（其他图书服务热线）
网　　址 / http://www.bitpress.com.cn
经　　销 / 全国各地新华书店
印　　刷 / 北京紫瑞利印刷有限公司
开　　本 / 787毫米×1092毫米　1/16
印　　张 / 7
插　　页 / 16
字　　数 / 173千字
版　　次 / 2023年1月第2版第3次印刷
定　　价 / 39.00元

责任编辑 / 李玉昌
文案编辑 / 李玉昌
责任校对 / 黄拾三
责任印制 / 边心超

图书出现印装质量问题，请拨打售后服务热线，本社负责调换

第2版前言

本书第2版从培养应用型、技能型人才的角度出发,全面、系统地介绍了建筑装饰表现技法的基本原理,并结合大量图示,力求突出实用性与可操作性。本书对建筑装饰表现技法的基本知识及设计草图与构图、钢笔表现技法、淡彩表现技法等进行详细阐述,从而使学生能熟练运用基本原理解决实践中遇到的问题,完成实际工程中的各种设计绘图任务。

本书第1版自出版发行以来,经有关院校教学使用,深受广大专业任课老师及学生的欢迎及好评,他们对书中内容提出了很多宝贵的意见和建议,编者对此表示衷心感谢。为使内容能更好地体现当前高职高专院校"建筑装饰表现技法"课程的需要,我们组织有关专家学者结合近年来高职高专院校教学改革动态对本书进行了修订。

本版修订以第1版为基础进行,修订时坚持以理论知识够用为度,遵循"立足实用、打好基础、强化能力"的原则,以培养面向生产第一线的应用型人才为目的,强调提高学生的实践能力和动手能力,力求做到内容精简,由浅入深,图文并茂,在文字上尽量做到通俗易懂。本书修订后,学生通过学习,能初步掌握建筑装饰表现图的绘制技巧,掌握透视图的原理与绘制基础,熟悉设计草图的表现技法以及室内外空间的表现方法,将设计与构思通过图纸表现出来,为今后从事建筑装饰等领域工作奠定基础。

为方便教师的教学和学生的学习,本次修订时除对各章节内容进行了必要更新外,还对有关章节的顺序进行了合适的调整,并结合广大读者、专家的意见和建议,对书中的错误与不合适之处进行了修改。

本书由河北建材职业技术学院曹竑楠、山东水利职业学院江尔德担任主编,吉林省经济管理干部学院赵迪、吉林职业技术学院宋丽丽、福州软件职业技术学院张晶担任副主编,东北石油大学秦皇岛分校杨方芳参与编写。具体编写分工为:曹竑楠编写第一章、第三章,江尔德编写第五章,赵迪编写第四章,宋丽丽编写第七章,张晶编写第二章,杨方芳编写第六章。

在本书修订过程中,参阅了国内同行的多部著作,部分高职高专院校的老师提出了很多宝贵的意见供我们参考,在此表示衷心的感谢!对于参与本书第1版编写但未参与本书修订的老师、专家和学者,本次修订的所有编写人员向你们表示敬意,感谢你们对高等教育教学改革作出的不懈努力,希望你们对本书继续保持关注并多提宝贵意见。

本书虽经反复讨论修改,但限于编者的学识及专业水平和实践经验,修订后的图书仍难免有疏漏和不妥之处,恳请广大读者指正。

编 者

第1版前言

建筑装饰设计是根据建筑物的使用性质与所处环境，综合运用现代物质手段、科技手段和艺术手段，为人们工作、学习、生活、休息创造优美的室内外环境的行为。而在建筑装饰设计中最困难、最为重要的是如何把设计者的构思通过图纸表现出来，并能为人们所理解。建筑装饰表现图是采用构图、透明色彩和线条的形式，通过图纸对建筑装饰构件进行细致描绘，它可以直观地表达设计者的设计意图，为业主或他人提供审查和修改意见的依据；能够迅速及时地传达出处理手法，达到真实效果；并在表现物象结构、色彩和肌理质感的绘制过程中，能启发设计师新的感受和新的思路。在目前承接各种装饰业务的招投标活动和其他业务的激烈竞争过程中，表现图的效果往往关系到建筑装饰工程投标的成败。

建筑装饰表现技法是建筑装饰行业从事设计的从业人员必须掌握的一项专业技能，"建筑装饰表现技法"课程即是以培养建筑装饰从业人员的常用手绘设计表现技能为目的。本教材根据全国高等职业教育建筑装饰工程技术专业教育标准和培养方案及主干课程教学大纲的要求，本着"必需、够用"的原则，以"讲清概念、强化应用"为主旨进行编写。全书采用"学习目标""教学重点""技能目标""本章小结""复习思考题"的模块形式，对各章节的教学重点做了多种形式的概括与指点，以引导学生学习、掌握相关技能。

本教材在编写方式上，注重图文结合，图与文相辅相成，以生动、形象的方式诠释建筑装饰表现技法的理论基础，并附有大量彩图以方便学生理解、掌握各种表现技法。通过本教材的学习，学生可以对建筑装饰绘图基础知识、表现图绘制工具与材料、表现图构图和色彩、设计草图表现技法、水粉表现技法、水彩表现技法、马克笔表现技法、彩色铅笔表现技法、钢笔表现技法、喷绘表现图、室内外不同材质及陈设表现等理论知识有一定的了解，并能使用适宜的绘图技法表现设计思想，表现设计方案，完成设计交流，为今后的学习与工作打下良好的基础。

本教材的编写人员既有具有丰富教学经验的教师，又有建筑装饰设计领域的专家学者，从而使教材内容既贴近教学实际需要，又贴近于建筑装饰设计工作实际。本教材由李超、曹竑楠、吕刚主编，冯惠、文科、程郁任副主编，韩晓娟、李杰、王婷婷、徐海蛟也参与了图书的编写工作。教材编写过程中参阅了国内同行的多部著作，部分高职高专院校老师也对编写工作提出了很多宝贵的意见，在此表示衷心的感谢。

本教材既可作为高职高专院校建筑装饰工程技术专业的教材，也可供从事装饰装修设计工作的相关人员参考使用。限于编者的专业水平和实践经验，教材中疏漏或不妥之处在所难免，恳请广大读者批评指正。

编　者

目 录

第一章　概论 ……………………………………1
　第一节　建筑装饰表现技法的艺术价值
　　　　　及目的 …………………………1
　　一、建筑装饰表现技法的艺术价值 ……1
　　二、建筑装饰表现技法的目的 …………1
　第二节　建筑装饰表现图的类型及应用 …2
　　一、建筑装饰表现图的类型 ……………2
　　二、建筑装饰徒手表现手段在项目中的
　　　　应用 ……………………………………3
　第三节　建筑装饰表现作图学习 …………3
　　一、做好表现图应注意的问题 …………3
　　二、建筑装饰表现图的学习过程 ………4
　　三、建筑装饰表现图必备的绘画基本技能 …5
　第四节　建筑装饰表现必备的绘画基本
　　　　　技能 ……………………………6
　　一、表现图绘制工具 ……………………6
　　二、表现图绘制常用材料 ………………9
　本章小结 ……………………………………10
　复习思考题 …………………………………10

第二章　建筑装饰表现图透视绘制基础 …12
　第一节　透视的概念及原理 ………………12
　　一、透视的概念 …………………………12
　　二、透视的原理 …………………………12
　　三、透视图中的基本术语 ………………13
　第二节　透视的种类及规律 ………………15
　　一、透视的种类 …………………………15
　　二、透视的基本规律及其画法 …………16
　　三、透视的基本要点 ……………………23
　第三节　室内气氛与透视选型 ……………25
　　一、室内功能特性与透视选型 …………25

　　二、室内界面与家具透视关系 …………25
　　三、室内气氛营造与透视运用 …………25
　本章小结 ……………………………………25
　复习思考题 …………………………………25

第三章　建筑装饰表现图绘制基础 ………27
　第一节　建筑装饰表现图色调的运用 ……27
　　一、色调的形成 …………………………27
　　二、色调的观察与表现 …………………28
　　三、色调的训练 …………………………29
　　四、装饰表现图中的冷暖色调 …………30
　　五、色彩面积大小及浓淡对比 …………30
　　六、色彩的重复与呼应 …………………30
　　七、色彩的统一协调 ……………………30
　第二节　建筑装饰表现图色彩的魅力 ……31
　　一、色彩的相关知识 ……………………31
　　二、色彩的对比与调和 …………………34
　　三、色彩变化的主要因素 ………………38
　　四、表现图的色彩 ………………………38
　第三节　建筑装饰表现图构图规律 ………39
　　一、表现图的构图要点 …………………39
　　二、常见构图形式 ………………………40
　本章小结 ……………………………………42
　复习思考题 …………………………………42

第四章　钢笔表现技法 ………………………44
　第一节　钢笔画工具与表现特点 …………44
　　一、工具与材料 …………………………44
　　二、钢笔画的表现特点 …………………45
　第二节　钢笔画线条特性与运用 …………46
　　一、钢笔画的线条形态、组织 …………46

二、钢笔线条的运用……………………49
　第三节　钢笔画表现种类与构图基本
　　　　　知识………………………………51
　　一、钢笔画的表现种类…………………51
　　二、钢笔画构图原则与构图形式………52
　　三、钢笔画作画步骤及注意事项………53
　第四节　室内家具与陈设表现……………54
　　一、室内单体绘制方法…………………54
　　二、室内单体组合绘制方法……………55
　　三、室内一角绘制方法…………………57
　本章小结………………………………………59
　复习思考题……………………………………59

第五章　淡彩表现技法…………………60
　第一节　马克笔表现技法…………………60
　　一、马克笔画………………………………60
　　二、马克笔表现特点………………………60
　　三、工具与材料……………………………61
　　四、马克笔表现技法………………………62
　　五、马克笔技法的绘制步骤………………64
　第二节　彩色铅笔表现技法………………66
　　一、彩色铅笔表现技法特点………………66
　　二、彩色铅笔工具…………………………66
　　三、彩色铅笔着色基础技法………………67
　　四、彩色铅笔作画步骤与注意事项………67
　第三节　水粉画、水彩画表现技法………68
　　一、水粉画、水彩画特性…………………68
　　二、水粉画、水彩画的工具与材料………69
　　三、水粉画、水彩画的基本技法…………72
　　四、水粉画、水彩画绘制方法与步骤……74
　第四节　喷绘表现图………………………77
　　一、喷绘技法的特点………………………77
　　二、喷绘表现技法…………………………78
　第五节　家具与陈设表现…………………78
　　一、单体表现方法…………………………78
　　二、单体组合表现方法……………………79
　本章小结………………………………………80
　复习思考题……………………………………80

第六章　设计草图表现技法……………82
　第一节　设计草图表现技法………………82
　　一、设计草图前期准备……………………82
　　二、设计草图的用途………………………82
　　三、草图的创意方法………………………83
　　四、草图的表达形式及特点………………84
　第二节　设计草图训练……………………85
　　一、电脑技术是把"双刃剑"……………85
　　二、设计草图训练可提高创造性…………86
　　三、设计草图训练——直线练习…………86
　　四、设计草图训练——曲线练习…………87
　　五、草图训练应注意的问题………………87
　本章小结………………………………………88
　复习思考题……………………………………88

第七章　室内外空间表现方法…………89
　第一节　空间界面处理与画面信息量……89
　　一、主辅景的关系…………………………89
　　二、环境空间的表现………………………90
　　三、建筑装饰画面的信息表现……………90
　第二节　材质分类表现……………………91
　　一、质感表现………………………………91
　　二、不反光也不透光的物体………………91
　　三、反光而不透明的物体…………………93
　　四、透明且反光的物体……………………93
　　五、花卉与蔬菜……………………………94
　第三节　家居空间表现方法………………94
　　一、家居空间平面、立面表现……………94
　　二、家居空间效果图表现…………………97
　第四节　公共空间表现方法………………99
　　一、小型室外空间的绘制内容……………99
　　二、小型室外空间的绘制步骤……………103
　本章小结………………………………………104
　复习思考题……………………………………104

参考文献……………………………………106

第一章 概 论

学习目标

通过本章内容的学习,了解建筑装饰表现技法的概念、目的及意义;熟悉建筑装饰表现图的类型及应用,熟悉建筑装饰表现图的学习过程及所需必备的绘画基本技能;掌握建筑装饰表现图必备的绘画工具及常用材料。

能力目标

通过本章内容的学习,能够知晓建筑装饰表现技法的概念,以及作为一名优秀的装饰设计人员应具备的基本绘画技能。

第一节 建筑装饰表现技法的艺术价值及目的

一、建筑装饰表现技法的艺术价值

建筑装饰表现图是以形象化的图示语言传递设计意图、阐述方案理念的一种特殊的设计图纸,它也是与客户进行设计交流的有效方式。纵观建筑装饰设计的发展历程,例如其设计表现手法剖析,与社会的进步、观念的更新、工具的创新是分不开的。从传统的徒手表达方式到如今高科技手段的切入,可以说是应用设计手段的革命。但回顾设计手段创新的今天,重新反思设计领域的方方面面,我们不难发现,今天的建筑装饰设计活动从原有的单一、传统的工作方式到一味崇尚计算机辅助设计手段,现已步入到理性的设计时期,按设计的内容、性质的设计手段进行了分工,依据工具特质形成了方案创意、方案制作、深化设计等工作环节,构成了趋于工业化的设计态势(参见彩图1、彩图2)。

二、建筑装饰表现技法的目的

建筑装饰表现图的目的是让人们直观地了解设计师的意图,且为业主或他人提供审查和修改意见的依据。表现图的效果往往关系到建筑装饰工程投标的成败。一幅优秀的建筑装饰表现图既能够体现设计者的艺术水准,又能够体现设计者对工程的理解以及其艺术修养与才华。

由于建筑装饰表现图是由构图、透明色彩和线条的形式相结合表现出来的，因此，其在视觉上具有很强的直观性，能够有效地表现物象、环境气氛和真实感受，即使是非专业人员也容易看懂。目前，在承接各种装饰业务的招投标活动和其他业务的激烈竞争过程中，表现图起着越来越重要的作用。

建筑装饰表现图的性质主要体现在能够通过图纸对建筑装饰构件进行细致描绘，快速、及时地传达出处理手法，达到真实效果。在表现物象结构、色彩和肌理质感的绘制过程中，能启发设计师新的感受和思路，在不断完善设计内容和制作表现图的同时，也能够更好地向业主介绍设计的特色。

第二节　建筑装饰表现图的类型及应用

一、建筑装饰表现图的类型

建筑装饰表现图的类型，一般以绘制工具划分，常用的建筑装饰表现技法包括以下几种类型。

1. 水彩技法表现图

水彩技法表现是运用水彩颜料、专用的水彩笔绘制的表现图，能够给人干净、明快、清新的感受。这一类表现图既有水彩的透明性，利于表现光感效果；也有技法的多样性，便于刻画各类陈设物体。且其对室内环境气氛的绘制可产生形神兼备的艺术效果。

2. 水粉技法表现图

水粉技法表现具有很强的写实性技法，它对于材料的质感和室内空间感有较强的表现力和覆盖力，便于反复修改，对于物体的色彩、光影、质感、体积等方面的塑造能力强，在水粉表现图的绘制方面，不宜将其画得太厚，应体现出一种轻松感。

3. 钢笔技法表现图

钢笔技法表现图是以线条为媒介来表现物象，其特点是利用线条特征来塑造其形体、质地、光影、肌理等要素体现室内空间及层次感。这一技法在室内表现图的绘制过程中，应注重钢笔线条的线型韵律、线条的组合形式，力求用线准确、严谨、规整。

4. 彩色铅笔技法表现图

彩色铅笔是一种方便、简单、易于掌握的工具。这一技法多用于快速绘制表现图。彩色铅笔对于画面物体的细节刻画和特殊材质肌理具有较强的表现力，但在作画时应根据表现内容的需求，选择画面的主体或趣味中心进行塑造。

5. 马克笔技法表现图

马克笔具有色彩明快、笔触丰富、画面生动、表现力强的特点，适宜各种纸张的绘制。马克笔常与钢笔线条结合绘制，根据绘制需要对两者在画面中所承担的任务有所侧重。马克笔具有以笔触韵味刻画物象的特点。

马克笔具备简练、快捷绘制方案创意草图的优势，故其是设计师们乐于运用的绘制工具。

6. 喷绘技法表现图

喷绘技法是借助喷笔和气泵等专业设备和特殊技术手段来绘制表现图的技法，利用这种方法所绘制的表现图的特点是色彩极度柔和，明暗层次丰富，质感细腻、逼真。但由于喷绘技法的绘制程序过于复杂和麻烦，故现在一般不使用这种技法。

7. 合成技法表现图

合成技法表现图是将手绘钢笔图稿进行扫描，再通过 Photoshop 软件进行渲染，是将徒手线条的自然流畅和计算机软件的色彩渲染有机结合的表现形式。具体操作需把握两点：一是钢笔线条的接口要密封，以便控制或选择上色区域；二是注重色彩、明暗的渐变规律。

8. 计算机制作效果图

计算机作为一种新型的设计工具，利用 3D 等多个软件的结合制作趋于仿真的效果图，使效果图具有真实、细致的感受，是方案确定后运用的一种图示语言表达方式，但其更多体现的是技术手段，而无法替代创意的思维意趣。

二、建筑装饰徒手表现手段在项目中的应用

在科技飞速发展的今天，用电脑制作建筑装饰效果图较多，电脑效果图表现比较真实，但在艺术表现力上却远远不如手绘效果图生动。

手绘在设计中起到至关重要的作用。由于手绘有表现迅速并且直观等优点，所以，在与客户的交谈中，能直观并且快速地表现设计者的设计理念和意图，客户也更容易理解。与此同时，手绘为设计的修改也创造了便利的交流和沟通渠道。

学习手绘建筑装饰表现图既要跟上时代，从实用角度出发，掌握最新的手绘工具技法，又要了解传统技法与现代技法的关联，把握手绘图的实质。具体来说，就是要重视技法上的系统基础训练，从速写勾线到上色训练，再到表意的快速表现。

第三节　建筑装饰表现作图学习

一、做好表现图应注意的问题

做好建筑装饰表现图要做到以下几点：

（1）手到。手到是具体实施技法表现的主体，不同的技法可以表现出不同的审美效果，例如线条的应用就有轻重缓急。因此，不同的物体需运用不同的技法表现，使之达到理想的效果。

(2)眼到。初画室内表现图时往往会有两种困惑,一是不知该画什么,二是什么都想画。这就需要先训练我们的眼睛,要经常去观察、去感受,在平凡的景物中捕捉到某个生动的侧面和表现生活内容的典型事物,又不可忽视大量的、看来一般而实际上很有生活气息的普遍现象。同样一个情景,在不同的位置欣赏就有不同的美感,从不同的角度去描绘就有不同的效果。所以,培养一双审美的眼睛是非常重要的。

(3)脑到。设计师在表现客观世界的同时必然要渗入自己的主观感受。如在实际写生中对景物有所概括与提炼,对素材的取舍与添加等就源于此。这种感受一半源于眼观,一半得自心悟,两者结合才是室内表现图的观察方法。

(4)心到。要想使一幅表现图富有一定的内涵、意境,就要使画面表现的线条、色彩、透视、明暗等在表现物体形象特征的同时,在画中还应传递一种精神,这就需要在表现中着意铺设,精心来刻画虚拟现实的空间环境(图1-1)。

图1-1 会议室表现图(胡夙)

二、建筑装饰表现图的学习过程

建筑装饰表现图的学习要经过临摹、写生、默写、创作四个阶段。

(1)临摹阶段。临摹是作画的重要手段,也是学习的捷径。从别人的作品中获得经验,提高认识,往往能收获意想不到的学习效果。多观察分析别人如何把握和处理形体的大块面及细节上的变化,哪些可以忽略,而哪些要深入刻画。刚开始学手绘,最好着重线条方面的训练,有利于我们准确地把握形体。

临摹应选择和自己心性相近的作品。在临摹的过程中,也应遵循从简到繁、从慢到快的原则。研究画家对线的运用,可以提高自己对速写的认识,丰富速写的语言。通过借鉴前人的经验,使自己少走弯路,在较短时间里能更快地提高速写技艺。因此,在临摹时应注意以下几点:

1)选择一些印刷质量较好的大师作品临摹,在临摹的过程中揣摩大师作品的画面构成、布局、主次虚实及细节的处理,完善自己的艺术修养。

2）选择风格比较严谨并能准确表现物象关系、表现形式较为朴素的作品临摹。因为这类作品能抓住物象的本质要素。

3）要选择临摹一些优秀的示范画。示范画一般是教师较为得意的原作，从这些示范画中，可以分析出具体的表现技法和概括手段。临摹原作更有利于学习他人的用笔技巧和细节的表现。

（2）写生阶段。写生是对所学知识的检验，在实践过程中要注意：下笔之前，要找感兴趣的对象画，这样才能全身心地投入观察和认真分析所画对象的形体关系，并准确描绘。需要快速表现对象时，要敢于下笔，注重整体关系的把握，对细节有意识地进行概括、取舍。

（3）默写阶段。默写是学习绘画的重要手段。平时多练习、多记住物体特征和特定的表现方法，对于今后从事专业活动、用手绘跟客户沟通大有帮助。

（4）创作阶段。创作阶段即模拟设计构思方案。通过对室内空间的了解，正确地将构图规律、透视关系、尺度比例和表现技法有机地运用到绘制的建筑装饰表现图中。

三、建筑装饰表现图必备的绘画基本技能

1. 素描知识

素描是一切造型艺术的基础，也是建筑装饰专业必须掌握的基本能力。作为专业性的训练需要，建筑装饰表现技法以"结构性素描"的学习为核心更具有实用意义。

2. 透视基础

建筑装饰表现图是通过表现物体的位置、大小、比例、方向等，建立在科学的透视规律基础上构成基本骨架。各种形象的表现要严格遵守透视的规律，学会用结构分析的方法来对待形体内在构成关系和形体之间的空间联系。

3. 色彩知识

色彩是建筑装饰表现图中的关键因素。色彩在表现图中的运用会影响表现作品的艺术效果。在表现图的绘制过程中对未来环境的设想包含着色彩的因素，因此我们绘制的表现图中的空间环境色彩、材料色泽，必然流露出设计人员的主观意识、审美情趣和艺术追求。

4. 构图布局

画面构图形成的整体形式美直接影响观众。所谓构图，就是把众多的造型要素在画面上有机地组合起来，并按照设计所需要的主题，合理地安排在画面适当的位置上，形成对立、统一的局面，从而达到视觉上的和谐。

5. 构成知识

如果设计人员具备一些构成方面的知识，在建筑装饰表现图的绘制中对空间概念的认识和理解是很有帮助的。设计作品内在因素的有机组织就是形、体的构成，平面构成的点、线、面，立体构成的体、空间、解构、重构，色彩构成的对比与统一等在表现图中都会不同程度地涉及。

第四节　建筑装饰表现必备的绘画基本技能

一、表现图绘制工具

1. 铅笔

铅笔是最简单方便的工具(图1-2)，初学素描者常从铅笔开始。其主要原因是铅笔在用线造型中可以十分精确且肯定，能随意地修改，并可以较为深入、细致地刻画细部，有利于进行严谨的形体造型和深入、反复的勾画。铅笔按性质和用途可分为石墨铅笔、颜色铅笔、特种铅笔三类。

(1)石墨铅笔是铅笔芯的主要原料为石墨的铅笔，可供绘图和一般书写使用。一般用"H"表示硬质铅笔，"B"表示软质铅笔，"HB"表示软硬适中的铅笔，"F"表示硬度在HB和H之间的铅笔。石墨铅笔分6B、5B、4B、3B、2B、B、HB、F、H、2H、3H、4H、5H、6H、7H、8H、9H、10H共18个硬度等级，字母前面的数字越大，则表明越硬或越软。此外还有7B、8B、9B三个等级的软质铅笔，以满足绘画等特殊需要。

图1-2　铅笔

(2)颜色铅笔是铅芯有色彩的铅笔。铅芯由黏土、颜料、滑石粉、胶粘剂、油脂和蜡等组成，颜色铅笔用于标记符号、绘画、绘制图表与地图等，通常是成套(6、12、24、36、64种颜色)装盒。

(3)特种铅笔包括玻璃铅笔、炭画铅笔、晒图铅笔、水彩铅笔、粉彩铅笔等，它们各有各的特殊用途。

1)玻璃铅笔。玻璃铅笔的铅芯由颜料、油脂和蜡等组成，用于在玻璃、金属、搪瓷、陶瓷、皮革、塑料、有机玻璃等表面书写或作标记，供工业、医药、国防、勘测等部门使用。其颜色有红、白、橘黄、淡黄、绛紫、深绿、淡蓝、黑等。

2)炭画铅笔。炭画铅笔又称碳素铅笔。铅芯由黏土、木炭粉、炭黑等制成。此种铅笔用于绘画、油画打底。

3)晒图铅笔。晒图铅笔又称描图铅笔。石墨铅芯用油溶蜡红等红色染料处理，以起遮光作用，此种铅笔用于绘图后直接晒图。

4)水彩铅笔。水彩铅笔的铅芯中加有水溶性酸性大红等酸性染料。铅芯沾水时就如同水彩颜料，用于相片着色、写生、绘制地图、统计图表等。

5)粉彩铅笔。粉彩铅笔的铅芯用颜料及多孔柔软的原料(如碳酸钙)制成,不含油脂和蜡。其硬度和书写手感类似粉笔。

2. 炭笔、木炭条及炭精棒

炭笔以不脆不硬为适度(图1-3);木炭条以烧透、松软为佳;炭精棒以软而无砂称上品。炭笔大多由柳树的细枝烧制而成,有粗、细、软、硬之别,根据画面效果的不同而分别使用,作画开始时用较软炭笔打稿,因其易于擦掉,可反复修正,且不伤画纸;修饰细部时,再用较硬炭笔。炭笔作画可涂、可抹、可擦,也可作线条或块面处理,能作出很丰富的调子变化。传统石膏素描均以炭笔为练习工具。

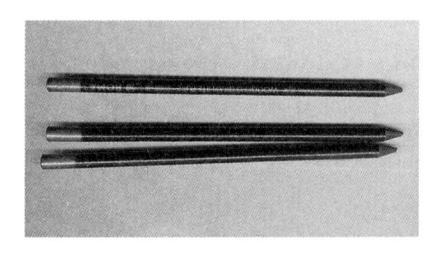

图1-3 炭笔

炭笔运用点或线褪晕,能够表现多种色调。若要修改误笔或制造高光点时,要用吸粘橡皮。在画图时,一定要把暂时不用的部分遮盖起来,以保持图面的清洁。

3. 圆珠笔

圆珠笔品种繁多、式样各异,就质量而言又有高、中、低等不同档次;从类别上说,基本上可分为油性圆珠笔和水性圆珠笔两种。

圆珠笔中油墨的色素是染料。油墨颜色主要有蓝、红、黑三种,其中尤以蓝色油墨使用最多。过去蓝色油墨中的色素成分是盐基品蓝和盐基青莲,溶剂是氧化蓖麻油、蓖麻油酸。由于盐基性染料具有不耐光(耐光度只有1~2级)、不耐热、不耐酸碱、耐久性差的缺点,故现已被淘汰。目前市场上销售的"424"蓝色圆珠笔和"322"黑色圆珠笔书写的字迹则耐久性较好(图1-4)。

(1)油性圆珠笔。油性圆珠笔俗称圆珠笔。所用的笔头球珠多采用不锈钢或硬质合金材料制成。球珠直径的大小决定了字迹线条的粗细,常见的球珠直径有1 mm、0.7 mm、0.5 mm三种(产品的笔身或圆珠笔芯上往往会注明)。圆珠笔的油墨是特制的,主要以色料、溶剂和调粘剂混合而成。常见的颜色有蓝、黑、红三色。普通油墨多用来作一般书写,特种油墨多用来作档案书写。作档案书写所用的油墨,在笔芯上一般注有记号,如国产笔芯就注有DA的字样。

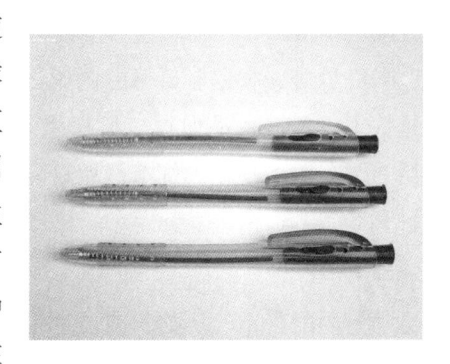

图1-4 圆珠笔

油性圆珠笔是圆珠笔系列产品的第一代产品品种,从批量投放市场至今已有60多年的历史。经过长期的改进与完善,油性圆珠笔的生产工艺日渐成熟,产品性能更加稳定,保存期更长,书写性能更稳定,现已成为圆珠笔类产品中的传统产品品种。因油性圆珠笔所用的油墨黏度高,所以书写时的手感相对重一些。

(2)水性圆珠笔。水性圆珠笔又称宝珠笔或走珠笔。宝珠笔的笔杆、笔套用塑料注塑成型的称为全塑宝珠笔；笔套用不锈钢材冲压磨制成型的称为半钢宝珠笔；笔杆、笔套全用不锈钢制造的称为全钢宝珠笔。全塑宝珠笔基本上都是一次性使用，即墨水用完就报废了；半钢宝珠笔和全钢宝珠笔多采用可更换笔芯式结构。宝珠笔的笔头分为炮弹式和针管形两种，分别采用铜合金、不锈钢或工程塑料制成。球珠则多采用不锈钢、硬质合金或氧化铝等材料制成，中字迹球珠直径为 0.7 mm，细字迹球珠直径为 0.5 mm。储水形式分纤维束储水和无纤维束储水两种。墨水的色泽有红、蓝、黑、绿等。宝珠笔兼有钢笔和油性圆珠笔的特点，书写润滑、流畅、线条均匀，是一种较为理想的书写工具。

4. 毛笔

毛笔(图 1-5)是一种源于中国的传统书写工具，被列为中国的文房四宝之一。毛笔主要依尺寸及笔毛的种类、原料、用途、形状等来分类。

依尺寸可以简单地把毛笔分为：小楷、中楷、大楷。

依笔毛的种类可分为：软毫、硬毫、兼毫等。

按笔头原料可分为：胎毛笔、狼毛笔、兔肩紫毫笔、鹿毛笔、鸡毛笔、鸭毛笔、羊毛笔、猪毛笔、鼠毛笔、虎毛笔、黄牛耳毫笔等。

按用途可分为：写字毛笔和书画毛笔。

依形状可分为：圆毫、尖毫等。

图 1-5 毛笔

用毛笔和墨水素描时，因为线条和形状不能擦掉，故而要有一定的技巧才能熟练使用。灵活机动地使用毛笔尖，会产生变化丰富的线条和多重效果。

5. 马克笔

马克笔是一种色彩鲜艳的画笔。马克笔可分油性和水性两种，其颜色种类很多，其特点是快干、色艳、易保存。粗杆中等笔尖的线条粗壮、圆润、有力，易于快速画出块面，概括力强，但不易刻画细节。粗杆宽笔尖则易于画块面，转动笔尖可以画出简洁、明快的笔触和线条。

6. 喷笔

喷笔须配合空气压缩机或压缩空气罐使用，其口径为 0.2～0.8 mm。常用它表现实体表面、透明表面反射光及照明效果。用水彩(或彩色墨水)和水粉作的画可表现物体的透明和不透明性，用后应及时清洁，避免堵塞。

以上主要介绍了各种笔的用法和所画出来的线条效果，为了增强速写的表现力，可以尝试用不同种类的笔来绘制同一幅作品。混合工具的使用可以增强速写的表现力和感染力。但是无论是混合工具还是单一工具，其目的都是创作出具有美感的画面。

7. 纸

纸可分为素描纸、水彩纸、水粉纸、绘图纸、马克笔纸、铜版纸、描图纸、宣纸等种类。

(1)素描纸。素描纸有粗糙和平滑两面，一般用粗糙一面。它易画铅笔线、耐擦、吸水性偏高。宜作素描练习和彩色铅笔效果图。

(2)水彩纸。水彩纸有粗糙和平滑两面，粗糙面为正面，吸水性强，宜吸收颜色，并且涂上颜色后色彩较鲜明。干画可出现"飞白"或"枯笔"；湿画可减弱水流程度，也可表现出"沉淀""水迹"等特殊技法。

(3)水粉纸。水粉纸较水彩纸薄，纸面略粗、吸色稳定，不宜多擦。

(4)绘图纸。由于绘图纸具有结实耐擦、表面光滑的性质，因此，宜用水粉、钢笔淡彩、马克笔、彩色铅笔和喷笔作画。

(5)马克笔纸。马克笔纸多为进口纸，其构成性质决定它不会造成晕染，纸质细密，适合重复涂绘，其略微的透明性便于描绘原稿。

(6)铜版纸。铜版纸色面白亮光滑，吸水性较差，适用钢笔、马克笔作画。

(7)描图纸。描图纸又称硫酸纸。透明，常作拷贝、晒图用。可用马克笔作画。但要注意，描图纸具有遇水起皱、遇光变色、不易久存的特点。

(8)宣纸。宣纸有生宣和熟宣两种。生宣纸吸水性强，宜作写意画；熟宣纸耐水，图画中的工笔画和水墨画多采用熟宣纸。

二、表现图绘制常用材料

1. 颜料

从原料上说，表现图的颜料是从动物、植物、矿物等各种物质中提炼而成的，也有化学合成的，多为管装。市面上有十二色、十八色盒装和单色支装等种类。为了便于学习和选用，这里把常用的颜料列出：柠檬黄、藤黄、橘黄、土黄、朱红、深红、玫瑰红、赭石、熟褐、浅绿、草绿、深绿、湖蓝、深蓝、普蓝、青莲、煤黑。

在常用的水彩颜料中，柠檬黄、普蓝、草绿、玫瑰红和青莲最透明，土黄、湖蓝、赭石、浅绿等较为不透明，但多用水调和，也可以使其产生透明的效果。

2. 界尺

界尺在表现图作画中经常被用到，因为用界尺画出的直线平直、整齐。使用界尺要有一定的技巧，握笔的姿势、运笔的力度及笔毛触纸的方向均有讲究，起笔与收笔均要稳健流畅、干净利落。界尺的使用要摸索尝试，熟能生巧。

3. 裱纸

当采用水质颜料作画时，就必须将图纸裱贴在图板上才能绘制。否则纸张遇湿会膨胀，纸面会产生凹凸不平，画面的最后效果要受到影响。正面刷水裱纸的方法可以裱贴结实、裁切整齐，适合用水多的水彩技法。如果要快速裱纸可以采用反面刷水的方法，这样图面光亮整洁，适合水粉技法。

4. 拷贝纸

为了保证画面的清洁，尤其是透明水色或水彩表现图，一般在绘制前都要在硫酸纸或拷贝纸上绘制透视底稿，然后再将底稿描拓拷贝到正图上。水粉颜料厚画时，因为其覆盖力强，底稿最好能粘在图板的上方，以方便校正。

5. 色纸

在色纸上作画，能够使画面统一、整体效果好，而且简便快捷、效果强烈，适合于多种绘画工具的表现。用水粉、透明水色或水彩等颜料，运用平涂、褪晕或笔触、大面积渲染等技法，均可以自己制作出多种颜色和肌理的色纸。

本章小结

建筑装饰表现图是一种特殊的绘画形式，它区别于其他绘画形式最明显的特征是以实用为目的，强调以建筑室内的空间尺寸、物体造型、环境气氛、陈设用品等为表现内容，以达到解读特定空间形态的格调及艺术趣味的目的，并有助于指导项目工程的运行。学生需综合运用各种绘画技巧和相关知识，对空间的透视比例、尺度、材料、气氛、色彩心理等准确把握，能熟练地运用建筑装饰的表现技法。

复习思考题

一、填空题

1. _____具有很强的写实性技法，它对于材料的质感和室内空间感有较强的表现力和覆盖力，便于反复修改，对于物体的色彩、光影、质感、体积等方面的塑造能力强。

2. _____是以线条为媒介来表现物象，其特点是利用线条特征来塑造其形体、质地、光影、肌理等要素体现室内空间及层次感的。

3. 喷绘技法是借助_____和_____来绘制表现图的技法。

4. 做好建筑装饰表现图要做到_____、_____、_____、_____。

5. 建筑装饰表现图的学习要经过_____、_____、_____、_____四个阶段。

6. 铅笔按性质和用途可分为_____、_____、_____三类。

7. 表现图绘制常用的材料有_____、_____、_____、_____。

二、选择题

1. 建筑装饰表现图的类型一般是以绘制工具划分，常用的建筑装饰表现技法不包括（　　）。

　　A. 水彩、水粉技法表现图　　　　B. 钢笔技法表现图
　　C. 毛笔技法表现图　　　　　　　D. 马克笔技法表现图

2. 马克笔常与钢笔线条结合来绘制，根据绘制需要对两者在画面中所承担的（   ）有所侧重。

   A. 任务　　　　　B. 位置　　　　　C. 角度　　　　　D. 难易程度

3. 在临摹阶段下列说法错误的是（   ）。

   A. 选择一些印刷质量较好的大师的作品临摹，在临摹的过程中揣摩大师作品的画面构成、布局、主次虚实及细节的处理，完善自己的艺术修养

   B. 选择风格比较严谨并能准确表现物象关系，表现形式较为朴素的作品临摹

   C. 要选择临摹一些优秀的示范画，临摹原作更有利于学习他人的用笔和细节的表现

   D. 在临摹的过程中，也应遵循从繁到简、从快到慢的原则

4. 关于建筑装饰表现图必备的绘画基本技能不包括（   ）。

   A. 基本文化知识　　　　　　B. 透视基础

   C. 色彩知识　　　　　　　　D. 构图布局

三、简答题

1. 什么是建筑表现图？
2. 简述建筑装饰表现技术的目的及意义。
3. 什么是合成技法表现图？
4. 简述建筑装饰徒手表现手段在项目中的应用。

第二章　建筑装饰表现图透视绘制基础

学习目标

通过学习本章内容，了解透视的概念、原理和基本术语；熟悉透视的种类、室内气氛与透视选型；掌握透视的基本规律及其画法、透视的基本要点。

能力目标

通过学习本章内容，能有效收集完成透视的分类型信息，作出归纳应用，能依据指引独立完成简单的透视图绘制。

第一节　透视的概念及原理

一、透视的概念

"透视"一词源于拉丁文"perspclre"（看透），其研究和解决如何在平面上表现出立体的、具有空间结构的人物以及景象，它是绘画与设计的基础学科、是几何学的一个分支、是绘画法理论术语。最初研究透视是通过一块透明的平面去看景物，将所见景物准确描画在这块平面上，即成为该景物的透视图。后来将在平面画幅上根据一定原理，用线条来显示物体的空间位置、轮廓和投影的科学称为透视学（图2-1）。

达·芬奇将透视总结为三种：色彩透视、消逝透视和线透视，其中最常用到的是线透视。透视学在绘画中占有很大的比重，它的基本原理是：在画者和被画物体之间假想一面玻璃，固定住眼睛的位置（用一只眼睛看），连接物体的关键点与眼睛形成视线，再与假想的玻璃相交，在玻璃上呈现的各个点的位置就是要画的三维物体在二维平面上的点的位置。这是西方古典绘画透视学的应用方法。

二、透视的原理

透视的基本原理是由视觉作用所形成的物理现象得来的，其与照相机的摄影原理近似。眼睛的前部是透明的角膜、虹膜和瞳孔以及晶状体，就像照相机的镜头。晶状体后面的玻璃体如同暗箱，最后的一层视网膜好像照相机的底片。当外界景物所反射的光线投入眼球，

图 2-1　圣保罗大教堂(铜版画)　皮拉内西(意大利)

通过瞳孔、晶状体和玻璃体到视网膜上成像时,我们就看到了外界景物。外景所反射的光线,通过瞳孔投射到视网膜上,形成一个视角。距离眼睛近的物体,由于视角大,所以成像就大;距离眼睛远的物体,由于视角小,所以成像也小,这样就造成了视觉上近大远小的透视现象。人眼向着一个固定方向看时,能见到的景物是有一定范围的,看得越远,所见的范围就越大,反之就越小。外界景物射入眼球的视线构成一个锥体,视线锥体的底叫作视域,凡在视域内的景物都可以看得见,视域范围以外的景物则看不见。人的视域一般为 60°,而最清楚的视域则在 30°左右的视角范围内。所以写生时,画者与对象之间的距离最好是该物长度或高度的 2~3 倍,这样便于掌握整体关系(图 2-2)。

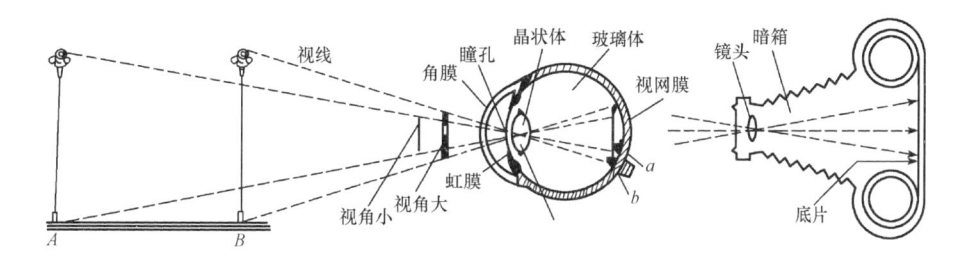

图 2-2　透视基本原理示意图

三、透视图中的基本术语

透视中各名词的示意关系如图 2-3 所示。
(1)基面:基面是研究投影的直角坐标中的水平投影面,也可以理解成水平地面。
(2)画面:画面是研究投影的直角坐标中的垂直投影面,也是透视图所在的平面。
(3)基线:基线是基面与画面的交线。
(4)视点:视点是画者眼睛的位置,即投影中心。

(5)站点：站点即视点在基面上的正投影，相当于人站立的位置。

(6)视轴：视轴又称中视线，是视点的中垂线。

(7)视平线：视平线是画面上与视点等高的一条水平线，随着视点位置的高低而变化，并与中视线垂直。许多消失点都是根据视平线决定的，因此它在透视中具有举足轻重的地位。

(8)主点：主点又称心点，指视轴与画面垂直相交于视平线正中央的点。

(9)视距：视距即视点与画面的垂直距离。

(10)基透视：基透视是基面上图形的透视。

(11)视野与视角：人眼正前方凝视时所见到的空间范围称为视野。视野范围就是被画面所截取的视觉锥体的断面。人们的视野范围是一个横向的椭圆形，研究透视作图时把它当作正圆形。

视角是指视觉锥体的顶角。在绘制透视图时，生理视觉通常被控制在60°视角以内，而以30°~40°角为佳。在特殊情况下，由于(室内)空间的限制，视角可比60°角大一些，但无论如何也不宜超过90°角。否则，透视会出现畸形失真的倾向(图2-4)。

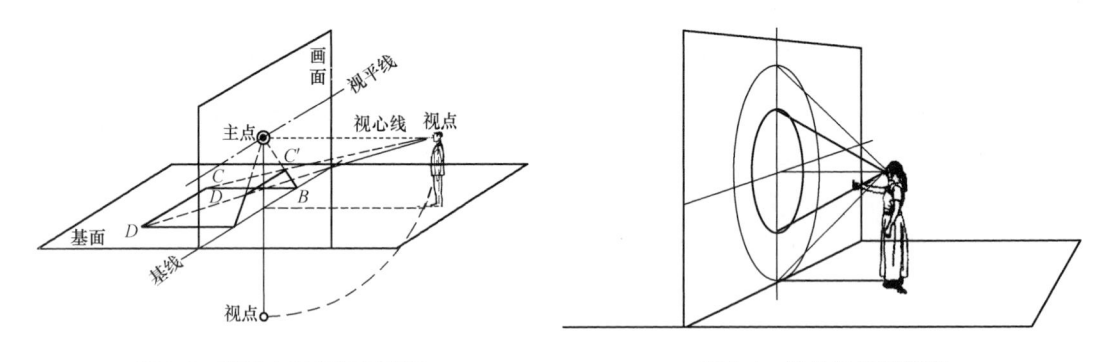

图 2-3 透视中各名词示意图　　图 2-4 视角与视觉范围

(12)原线和变线：原线是与画面平行的线，不发生透视现象，其中有三种情况：第一种是水平线，其是与画面和地平面均平行的直线；第二种是垂直线，其是与画面平行且与地面垂直的线；第三种是倾斜线，其是与画面平行而与地面成某种角度的直线。

变线是与画面不平行的直线，发生透视变化，其中有两种情况：第一种是水平变线，其是与地面平行而与画面成角的直线，有成直角、45°角和其他各种角度的，各有自己的消失点。第二种是非水平变线，其是与地面和画面都不平行的直线，如近低远高的线和近高远低的线。

(13)消失点：消失点也称灭点，是变线延伸至无限远的消失点。在视域中，物体由近而远，则会由大变小，在视平线上逐渐汇集成一点，这就是消失点；或者说物体在视域中越远越显得靠拢，到尽头时汇集成一点，即变线所集中的一点。由于变线与画面的角度不一，其消失点也不相同，因变线有五种，所以消失点也有五种，即：

1)主点：直角线的消失点；

· 14 ·

2)距点：45°角线的消失点；

3)余点：除90°与45°角以外的其他角线的消失点；

4)天际点(天点)：近低远高线的消失点；

5)地下点(地点)：近高远低线的消失点。

前三种消失点都在视平线上，后两种则在视平线的上方或下方。

(14)消失线：消失线也称灭线，平面延伸至远方，最后消失在一条直线上，这条直线叫作消失线。消失线可分三种情况：第一种是水平面消失线，如地平面或海平面延伸到远方，消失在地平线上；第二种是上下斜面消失线，如人字坡式的屋顶或倾斜箱子的倾斜面；第三种是上下竖面消失线，如建筑的直立墙面或立方体的竖面。

第二节　透视的种类及规律

一、透视的种类

1. 形体透视

形体透视又称为线透视，是抛开物体的色彩、明暗、肌理而只研究物体的外形和位置，并表现到画面上的透视技法。其中又分焦点透视和散点透视两种。

(1)焦点透视。焦点透视是指画者站在一定的地点，向着一定的方位观察，取景只限于这个固定的视点、视向和视域，由此而描绘出的图形在视觉中的印象和客观现象是一致的，都统一在一个视域内，称为"焦点透视"。西洋传统绘画都采用这种焦点透视，素描写生训练也以此为准绳。

(2)散点透视。散点透视是指画者移动视点的位置，把几个视域内的景物综合起来画在一幅画内。因为它的视点散布多处，不是一个焦点，所以称为"散点透视"。我国传统绘画中的长卷、立轴多采用这种方法。

2. 空气透视

空气透视就是空间感，是指物体在画面上与四周环境的远近关系，也称色彩透视。其原因是空气厚薄和湿度的大小影响了色彩的浓度和透明度，从而产生明暗变化。根据透视原理，利用光线明暗虚实和色彩变化来表现上下位置、远近距离、前后层次、左右间隔的虚实关系。距离近的物体面积较大，轮廓比较清楚，明暗对比明显；距离远的物体，其面积较小、轮廓较模糊、明暗反差微弱，这样就可产生空气透视的深度感。

空气透视所造成物体形色的变化规律如下：

(1)近处的物体色彩纯度高，远处的物体色彩纯度低。

(2)近处的物体色彩对比强，远处的物体色彩对比弱。

(3)近处的物体色相偏暖，远处的物体色相偏冷。

(4)近处的物体轮廓清楚,细部明显可见;远处的物体轮廓模糊,细部不明显,更远处细部消失。

(5)近处的物体明暗对比强,远处的物体明暗对比弱。

(6)深色物体在远处颜色不深,淡色的物体在远处颜色不淡。

3. 光影透视

光影透视是由于光照的投影或倒影而出现的透视现象,它可分为阴影透视和反影透视两种。

(1)阴影透视。阴影是阴部(暗部)与影部(投影面)的合称,阴影透视实际指的是影部的透视,根据光源远近、大小的不同,分为日光阴影和灯光阴影两种。日光光源远而大,其光线呈平行状,亮面与阴影相等;灯光光源小,投射的光线呈辐射状,向四面八方散开,投射物的亮面小、阴影大。在日光阴影透视中,日光投影的角度由小到大,其投影由大到小;灯光阴影透视也是这种现象,但主要的特征是投影面离透射物越远,其面积就越大。

(2)反影透视。反影也称倒影或虚影。反影透视是光滑的物体表面将物体形象反射出来而映入人们眼睛中的一种虚影。这种光滑的物面称为反射面,反射而成的形状叫作反影。在反影透视中,实物与反影之间存在着垂直、等距、反向(或对象)的关系。在水面、镜面或其他光滑面中,我们经常可以看到这种反影透视现象,其清晰程度与反射面的平整、光滑程度成正比关系。

4. 线面透视

线面透视与形体透视密切相关,但又有所不同。它主要是线的轨迹或平面的透视,现就直线、曲线、圆面三种情况,以下作简略介绍。

(1)直线透视。凡与画面平行的直线,只有近大远小比例上的变化,水平线和垂直线保持不变;凡与画面成角的线,随着成角大小的变化,都会发生不同的消失现象,并有着各自的消失点,应根据物体在空间的位置画准线的透视。

(2)曲线透视。曲线透视是指平面上或空间的曲线所产生的透视现象。平面曲线仅限在平面上,如地图上的河流、疆界等线。空间曲线有体积,占有空间深度,如攀藤和弹簧,在这两种线中又有规则曲线和无规则曲线之分,这些曲线随着位置、角度的不同而产生多种多样的透视现象,作画时均应作具体分析。

(3)圆面透视。圆面透视是指圆面在空间产生的透视现象,有水平、垂直、倾斜三种情况,均发生变扁的现象。其规律为近处半圆面积大、弧线长、弯度小;远处半圆面积小、弧线短、弯度大。整个面如果是水平状,则距视平线越近,看见的面积越小;距视平线越远,则看见的面积越大;与视平线平齐,就变成一条直线。如果面是垂直或倾斜的,也会产生和上述相同的透视现象。

二、透视的基本规律及其画法

1. 平行透视

凡可由原线和直角线组成或概括的形体,它的透视现象都称为平行透视。如方形物体置于平整的桌面上,若有一个面与画面平行,则相对的一面及有关的四条垂直的边线与画面也必然平行,而另外四个面及其有关的四条水平边线则与画面相垂直,成为直角线。构成这个立方体的三组平行线中,有两组与画面平行,属于原线,仍保持水平或垂直状,另一组与画面垂直成直角互相平行的线,都消失在画面主点,这就是平行透视的现象(图 2-5)。

平行透视图的具体画法如下:

(1)仔细观察后绘制平面图和立面图。平面图、立面图的绘制可以简化一点,不用画出贴近最前面墙的家具,也不用把室内所有的家饰全部画出来,有一些陈设可以在大的透视空间画好之后再添加进去(图 2-6)。

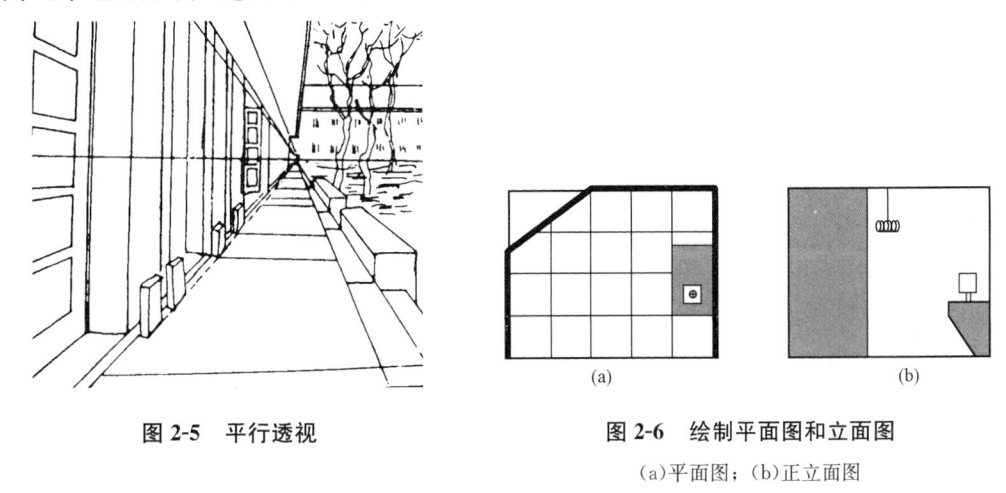

图 2-5 平行透视

图 2-6 绘制平面图和立面图
(a)平面图;(b)正立面图

(2)布局。合理制定画幅宽度,并将画幅宽度进行等分,然后按比例定出画幅高度(图 2-7)。

(3)选定视平线。视平线的选择会影响室内空间的效果。如主要表现的是地面的陈设,可以抬高视平线;主要表现的是天花与墙饰,则可以压低视平线等(图 2-8)。

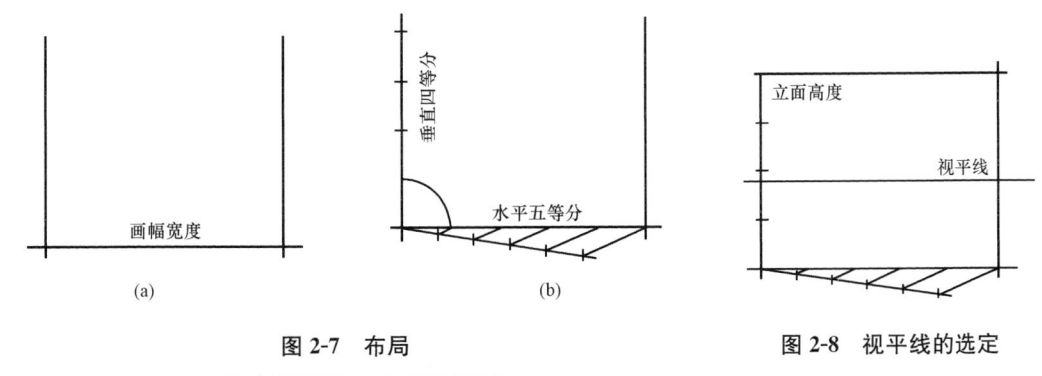

图 2-7 布局
(a)画幅宽度的制定;(b)画幅的等分

图 2-8 视平线的选定

(4)选定主点。合理地选择主点的位置,一般以室内纵深的透视方向灭点为主点(图 2-9)。

(5)距点的制定与室内平面图格子的纵向透视。其可根据距点制作方法凭感觉定出大概的位置(因为视距是个变量,所以距点的位置也不是固定的),求取室内纵深的透视距离,并制作后面的墙面的透视,然后绘制室内平面图格子的纵向透视,灭点的位置在主点(图 2-10)。

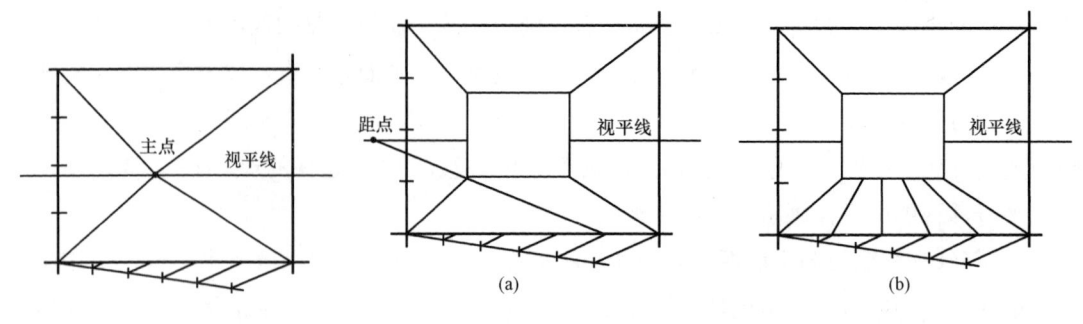

图 2-9 主点的选定

图 2-10 距点的制定与平面图格子的绘制
(a)距点的制定；(b)平面图格子的绘制

(6)平面图格子横向透视的绘制。其可以利用对角线与纵向透视直线的交点来求格子横向直线的透视(图 2-11)。

(7)室内不规则空间透视的绘制。其可利用格子对角线进行等比划分，目测找出墙面的基透视位置(图 2-12)。

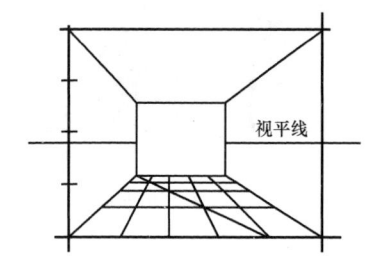

图 2-11 平面图格子横向透视的绘制

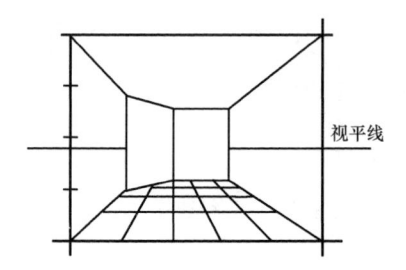

图 2-12 不规则空间透视的绘制

(8)室内天花灯饰透视的绘制与陈设家具透视的绘制。其利用对角线求取天花板的中心位置，利用真高线主点求出灯的透视高度，再画出灯的造型。利用网格等比划分，利用真高线绘制家具的透视高度(图 2-13)。

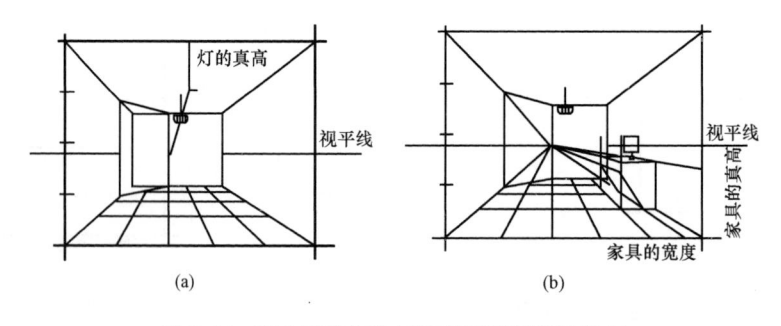

图 2-13 室内天花灯饰与陈设家具透视的绘制
(a)室内天花灯饰透视的绘制；(b)室内陈设家具透视的绘制

(9)表现图的绘制。其可利用钢笔、彩色铅笔、马克笔进行渲染。

2. 成角透视

成角透视又称余角透视。凡可由原线和成角线组成或概括的形体，它的若干平行线的边线都消失在画面主点以外视平线上的其他点,这种透视叫作成角透视,这种消失点叫作距点或余点。距点在视平线上主点等距的两侧,余点在视平线上的位置,随边线和画面所形成的角度而定(图 2-14)。

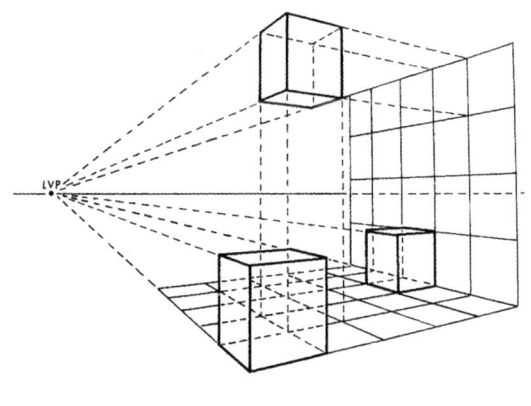

图 2-14 成角透视

成角透视的具体画法如下:

(1)画面和视点位置的确定。将物体看作一个长方体,如图 2-15(a)所示,长方体放在基面 GP 上(建筑体的水平投影面),观察者站在长方体前方,人的眼睛就是视点 S,站立的地方称为站点 s,站点 s 就是视点 S 在基面上的正投影。

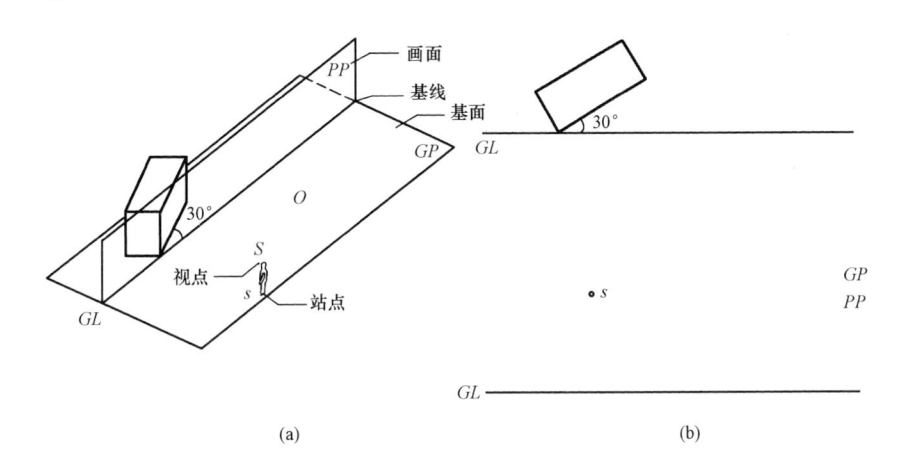

(a)

(b)

图 2-15 两点透视画法

(a)视点位置的确定;(b)画面与基面的处理

(2)铅垂画面的确定。铅垂画面 PP 一般放在人与长方体之间,通过长方体的一根侧棱(就是建筑物的一条墙角线),并且与长方体的正立面成 30°左右的夹角。基面 GP 与画面 PP 的交线 GL 称为基线。

(3)图纸、基线以及建筑物在基面上投影的处理。作图过程中把图纸当作基面,把基线 GL、建筑物(即本例的长方体)在基面的投影、站点 s 三个要素依次画在图纸上,然后离开一定空白区域,把图纸假想成画面(或者假想把本来竖立的画面放倒再画在图纸上),画出画面上的基线 GL,也就是基线 GL 在基面上的垂直投影。

为了作图方便,一般要将基面和画面上下对正,本例把画面(将要绘制透视图的这部分图形)画在基面的正下方,如图 2-15(b)所示。不必画出基面 GP 和画面 PP 的边框。

(4)视平线和视角的确定。通常我们把通过视点并平行于基面的水平面称为视平面(图 2-16)。视平面与画面的交线 HL 称为视平线,视平线平行于基线,它们之间的距离等于视点的高度,即视点到地面的垂直距离 Ss。在画面 PP 上,用与建筑物平面图同样的比例,取距离等于视点的高度,画一直线平行于基线 GL,就是视平线 HL。从视点 S 引两水平视线,分别与长方体的最左最右两侧棱相接触,这两个视线之间的夹角,称为视角。

通过视点 S 而垂直于画面的视线 Ss' 称为主视线,点 s' 称为主视点,位于视平线 HL 上。主视线大致是视角的角平分线。一般情况下,视角为 28°～30°时,所画出的透视图效果较好。

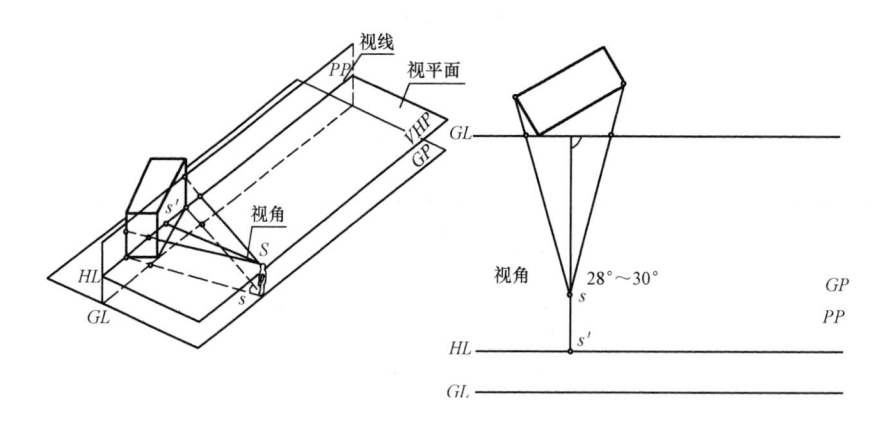

图 2-16 确定视平线和视角

(5)水平线灭点 V_1、V_2 透视的确定。从几何学可知,平行直线相交于无限远点,因此,通过一直线上无限远点的视线,必与该直线平行。由此可得:相互平行的直线必有共同的一个灭点。如图 2-17(a)中的水平线 AB、ab、CD、cd,它们透视的延长线必相交于同一个灭点,记作 V_1。V_1 确定后,便可知建筑体长度方向平行直线的透视灭点。

灭点 V_1 的做法如下:

在图 2-17(a)的立体图形中,通过视点 S 的视线中有一条平行于长方体长度方向的视线 SV_1,它与画面的交点 V_1 就是所求的灭点。由于长方体的长度方向是水平的,所以视线 SV_1 也是水平线,那么它与画面的交点 V_1 肯定位于视平线 HL 上。也就是说,水平线的灭点必位于视平线上。图中 v_1 是 V_1 在 GP 面上的投影,在基线 GL 上,sv_1 是 SV_1 在 GP 面上的投影,与基线 GL 相交与点 v_1,v_1V_1 分别垂直于 sv_1 和 SV_1。

所以,在透视图上求灭点的方法如图 2-17(b)所示,先过站点 s 引直线平行于建筑物的长度方向,即 sv_1//ab,与 GL 相交于 V_1,即灭点 v_1 的水平投影。过 V_1 引竖直线与 PP 面上的视平线 HL 相交,即得灭点 V_1。灭点 V_2 的求法同 V_1。

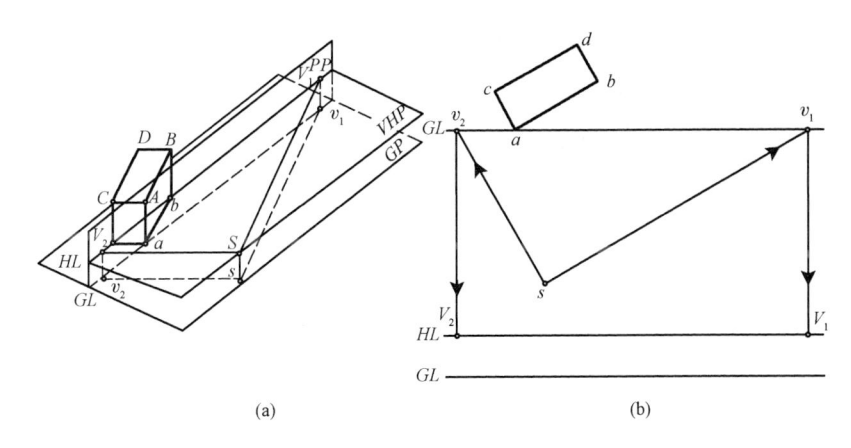

(a)　　　　　　　　　　　　　　(b)

图 2-17　求水平线的灭点 V_1、V_2

（6）求地面线 ab 的透视。

1）使画面 PP 的位置通过长方体的一条棱，则地面线 ab 的端点 a 就在画面上，所以，点 a 的透视 a_0 与 a 重合。这样的点称为直线的画面交点。由图形得出连线 a_0V_1 就是线段 ab 所在直线的透视，称为 ab 的透视方向。由此可得：一直线的画面交点和灭点的连线就是这条直线的透视方向。

2）求 ab 的透视 a_0b_0。作图时，a_0 位于基线 GL 上，只要过点 a 引直线与 GL 垂直并相交，即得 a_0。连接 a_0V_1，就是线段 ab 的透视方向。如果在其上求出线段 ab 的另一个端点 b 的透视 b_0，则 a_0b_0 就是线段 ab 的透视。

3）求点 b_0。由于点 b 是 ab 线上的一个点，因此它的透视必然在其透视方向 a_0V_1 上。因此，过点 b 的视线 Sb 必与 a_0V_1 相交于一点 b_0，即为点 b 的透视（图 2-18）。视线 Sb 的水平投影 sb 与 GL 相交于 b_g，它是点 b 的透视 b_0 的水平投影。作图时（图 2-19）先连 sb，交 GL 于 b_g，过 b_g 引竖直线与 a_0V_1 相交于 b_0。则 a_0b_0 就是 ab 的透视。

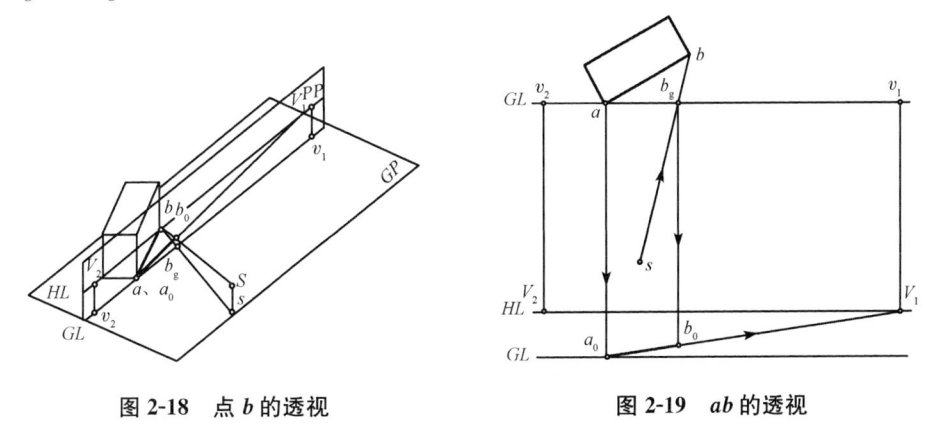

图 2-18　点 b 的透视　　　　　图 2-19　ab 的透视

（7）求长方体底面的透视。按照步骤（6）的方法求出 ac 的透视（图 2-20）。由于 ac 平行于宽度方向，它的透视方向必指向 V_2。最后分别连 b_0V_2 和 c_0V_1，交于 d_0，则 $a_0b_0d_0c_0$ 就是长方体底面 $abdc$ 的透视。

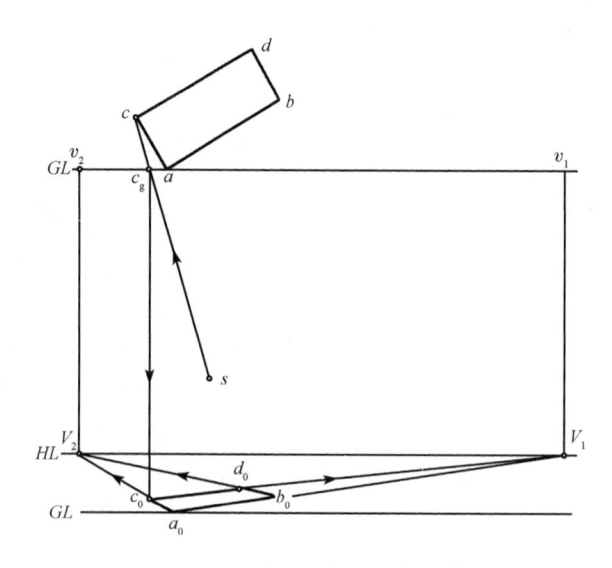

图 2-20 求长方体底面的透视

两点透视中，高度方向上的直线透视仍然是竖直线。但只有在画面上的竖直线，其透视才等于实际长度。如果不在画面上，它的透视高度或长或短，则符合近大远小的规律。根据以上规律作透视图时，可以直接从已经做好的底面透视的各个顶点引竖直线，然后截取相应的透视高度，即可得到透视。

在图 2-21 中，长方体四条侧棱高度相等，但只有侧棱 Aa 与画面重合，因而它的透视 A_0a_0 等于实高。其他棱的透视高度应该比实际高度短。先量取 A_0a_0 等于实高 Z，然后过 A_0 分别引线到 V_1 和 V_2，与过 b_0 和 c_0 所竖的高度线相交，即得 B_0 和 C_0。

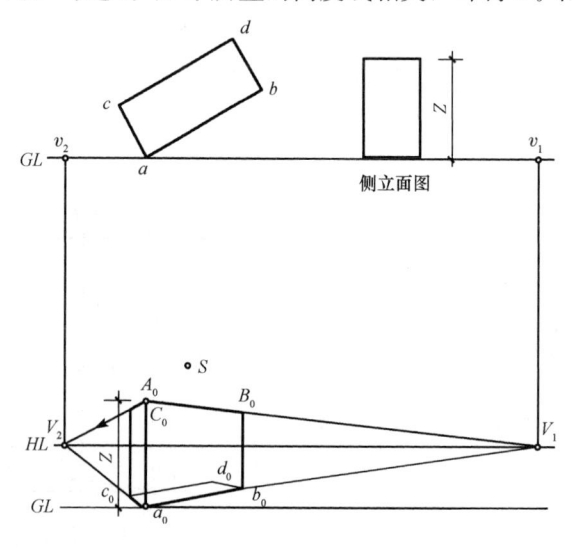

图 2-21 两点透视画法——竖长方体棱的高度

通过以上叙述，可得出这样的结论：

在竖直线上截取某线段的透视高度时，可以利用平行线的透视交于同一灭点的特性，把已知高度从画面引渡过去。

在竖高度的同时作出了 AB、AC 的透视 A_0B_0、A_0C_0，长方体后面的线被挡住，不需要画出。

3. 倾斜透视

当建筑物很高时，超出了人眼正常的观察范围，人们必须仰视或俯视才能看清它的全貌，这样人眼看到的画面会与所站立的基面倾斜，根据近大远小的透视原则，在建筑物高度方向上又出现了一个新的灭点，即天点或地点。连同前面所述的两个灭点，就形成了三个灭点，这就称为三点透视，又称斜透视。如人字形的屋顶、打开的箱盖、放置不正的方形体，都会出现非水平变线，而与画面和地面形成一定倾斜成角，发生透视现象（图2-22）。

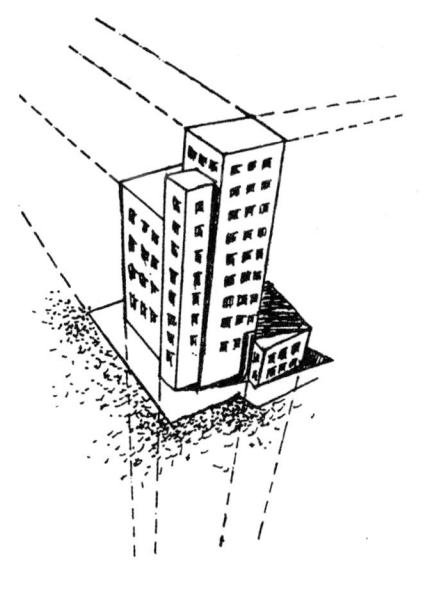

图2-22 倾斜透视

三、透视的基本要点

1. 透视的基本现象

(1) 近大远小。等大的物体，当它们和我们之间的距离有远有近时，则我们看近处的大，远处的小。这是由于远处的物体射入眼睛的视线视角小，留在眼底的影像也小；近处的物体射入眼睛视线的视角大，留在眼底的影像也大。

(2) 互相平行的直线与画面不平行时越远越靠拢，最后消失于一点。凡是与画面平行的线都不消失，并与基面（地面）的角度不变，只有远近长短的变化。近处的长，远处的短。

(3) 平面与画面不平行时，消失于一条直线。任何平面的消失线，都是该平面与画面相切时的一条直线。如果是水平面，就在视平线上；如果是垂直面，就在视轴的垂直线上。

2. 视距远近的透视变化

(1) 物面的宽度，近看则宽，远看则窄。

(2) 变线的斜度，近看陡斜，远看平缓。

(3) 高度的悬殊，近看悬殊大，远看悬殊小。

(4) 圆面弧线的弯度，近看弯度大，远看弯度小。

3. 方块面的透视

(1) 正侧面与宽窄。正面宽，侧面则窄，也就是离余点远的面宽，离余点近的面窄。

(2) 位置与宽窄。水平面距视平线远的宽，距视平线近的窄，正在视平线上的则成一条直线；在视平线上方见到的是底面，在视平线下方见到的是顶面；水平面作远近移动时，近处的距地平线远而宽，远处的距地平线近而窄。直立的平面在左右移动时，离灭点远的宽，离灭点近的窄，正在灭线上的成一条直线。如沿着底边方向作远近移动时，近处的离灭线远而宽，远处的离灭线近而窄。

4. 圆面物体的透视

(1)圆面透视图形中最长直径的两个半径相等，最短直径的远半径比近半径略短，近处的弧线比远处的弧线弯度大。

(2)平放的圆面上下移动时，以和视平线的距离为标准，远宽近窄，正在视平线上则成一条直线；直立的圆面左右移动时，则以和主点的垂线距离为标准，远宽近窄，正在垂线上则成一条直线；圆面远近移动时，越近越宽，越远越窄。

(3)大小不同的同心圆圆面的透视特征，表现在大小两个圆周之间的距离上，为两端宽，远端窄，近端居中。

(4)圆辐的透视特征是两端密，中间疏。由于辐射的原因，造成圆形物体上的等分面中间宽，两旁窄(图 2-23)。

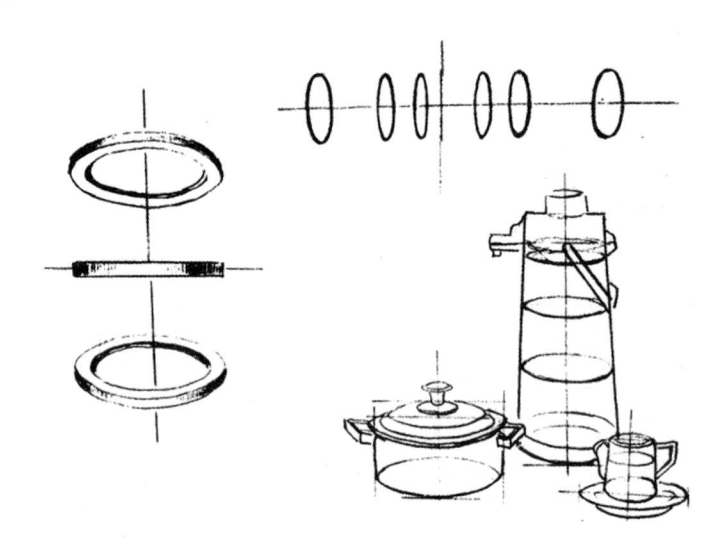

图 2-23 圆面物体的透视

5. 方形斜面的透视

(1)上斜和下斜的斜线透视方向分别集中于天点或地点，天点和地点的位置分别在视平线的上方或下方，由斜边底迹线的透视方向和斜边的斜度所决定。

(2)天点和地点的具体位置，在斜边底迹线的灭点(主点或余点)垂线上。

(3)天点或地点离斜边底迹线灭点(主点或余点)的远近，取决于斜边斜度的大小，斜度大则远，斜度小则近。

透视学本是一门科学，根据其原理，以投射视线与物体各部位的交切点，用数学方法可以准确地画出物象的透视图来。建筑设计透视图就是利用透视原理作出透视画，因此相当准确。

第三节 室内气氛与透视选型

一、室内功能特性与透视选型

室内空间的功能体现,不仅仅在于简单的家具设施布置,透视类型的正确选择也是必要的。能够较好地诠释环境的意趣,特别是在视点确定、视平线设定、灭点的定位上处理得当,更有助于展示空间的性质,有意识地运用透视方式能够强化空间的功能特性(参见彩图3)。

二、室内界面与家具透视关系

室内装饰表现图绘制主要涉及室内空间的界面和家具陈设品。基于空间布置形式变化的原因,透视类型也呈多样性,将主体环境形成的主要透视关系与家具陈设品的局部透视置于同一画面,二者构成的状态,取决于它们的形态构成、布置形式、表现角度,所以说既要保证总体透视的基本格局,也应顾及局部透视的特征,绘制的画面方能有形有境(参见彩图4)。

三、室内气氛营造与透视运用

室内装饰表现图的绘制所要达到的目的,是能够运用视觉图形语言完美地解读设计方案的意图。室内环境气氛的营造自然不可忽视,除了构图、色彩、光影、特色的表现技巧之外,透视也是其中重要的要素,特别是特定室内空间在透视类型的选用上必须精心谋划,这样才能出彩(参见彩图5)。

▶ 本章小结

透视对于手绘效果图来讲非常重要。在画效果图时,了解透视原理后很大程度上是凭感觉画。透视就是近大远小、近高远低、近实远虚,这是我们在日常生活中常见的现象。只有学好透视才能在二维平面上绘制出立体(三维)效果。

▶ 复习思考题

一、填空题

1. 将在平面画幅上根据一定原理,用线条来显示物体的空间位置、轮廓和投影的科学称为_____。

2. 达·芬奇将透视总结为三种：_____、_____和_____。

3. 光影透视主要是由于光照的投影或倒影而出现的透视现象，它可分为_____和_____两种。

4. _____指视轴与画面垂直相交于视平线正中央的点。

5. 人眼向正前方凝视时所见到的空间范围称为_____。

二、选择题

1. 原线是与画面平行的线，不发生透视现象，其中不包括下列（　　）情况。

    A. 水平线，即与画面和地平面平行的直线

    B. 垂直线，即与画面平行且与地面垂直的线

    C. 倾斜线，即与画面平行而与地面成某种角度的直线

    D. 地平线，即地平面或海平面延伸到远方的线

2. 空气透视造成的物体形色的变化规律不包括（　　）。

    A. 近处的物体色彩纯度低，远处的物体色彩纯度高

    B. 近处的物体色彩对比强，远处的物体色彩对比弱

    C. 近处的物体色相偏暖，远处的物体色相偏冷

    D. 近处的物体轮廓清楚，细部明显可见；远处的物体轮廓模糊，细部不明显，更远处细部消失

3. 线面透视与形体透视密切相关，但又有所不同，它主要是线的轨迹或平面的透视，线面透视不包括（　　）。

    A. 焦点透视　　　B. 直线透视　　　C. 曲线透视　　　D. 圆面透视

4. 关于视距远近的透视变化错误的是（　　）。

    A. 物面的宽度，近看则宽，远看则窄

    B. 变线的斜度，近看陡斜，远看平缓

    C. 高度的悬殊，近看悬殊大，远看悬殊小

    D. 圆面弧线的弯度，近看弯度小，远看弯度大

三、简答题

1. 透视学的基本原理是什么？

2. 透视的种类有哪些？

3. 简述平行透视图的具体画法。

第三章　建筑装饰表现图绘制基础

学习目标

通过学习本章内容，了解色调的形成过程、色彩的相关知识；熟悉色调训练中的几种形式、色彩的对比与调和、色彩变化的主要因素；掌握色调在装饰表现中的应用、表现图的色彩和建筑装饰表现图的构图规律。

能力目标

通过本章内容的学习，能归纳色调、色彩的表达方法；能对简单的装饰表现图进行色调、色彩的绘制。

第一节　建筑装饰表现图色调的运用

一、色调的形成

在建筑装饰表现图中，通过色彩中色相、纯度、明度的组合变化，产生对一种色彩结构形成的整体印象，这便是色调。

要明白色调，首先要区分颜色和色调在概念上的不同。所谓颜色，是指单一状态下的一种效果。而色调是指画面形成的总体色彩感觉，是一种多色的状态。色调是以色彩三要素中的一个要素为导向的色彩关系。一般来说，色调可以表达出某种气氛和情感。色调的和谐主要是因为色彩的和谐，而所谓色彩的和谐主要来自于人的生理和心理方面的需求。比如，画面中的色彩以红色为主，则红色占主导地位，我们便可认定色调是红色调。

主导色是通过色彩的各种关系比较而形成的，它控制整个画面的色彩倾向。主导色在整个画面中占据的面积与色量最大，构图的位置也比较突出，故而对画面起到主导作用。主导色可以是单色，也可以是同一类色域的颜色群。

色调的形成与色彩的运用有着密切的关系。色彩在画面中形成色调的主要原因有如下两个。

(1)在色谱中两个相邻的色彩放在一起，由于它们在色度和色相上的差别小，给人们的色彩感觉则会柔和、统一，但是由于它们在色性上缺少冷暖对比变化，独立形成图面时，也会使人感觉乏味。在色谱中两个相对的色彩放在一起，色彩冷暖对比反差大，图面色感跳跃，给人色彩对比强烈的感觉，适合表示欢快、明亮的场面。但如果颜色过纯，影响整体性，则容易出现图面不统一的现象。在图面中使用较多的灰色相颜色，色彩效果则平和、安静，适合表现建筑装饰表现图。

（2）调节色彩的明暗对比度，无论是使用色彩的对比色还是使用色彩的临近色，都可以组成亮色调、灰色调、冷色调和暖色调。图面的明亮程度主要靠调节色彩的明亮度形成。我们在作图时需要明亮画面则多使用浅色，反之需要暗画面时降低色彩的对比度，多使用较深的颜色，可形成色调对比。

二、色调的观察与表现

每个设计师都想作出美丽动人的色彩，这就要求我们在研究色彩时必须有严谨的态度以及正确的观察方法。修拉是新印象派的代表人物，他非常重视光与色的研究，通过不断的实践，创造了很多丰富、和谐的画面。

在水粉画的作画过程中，很容易出现脏、灰、粉、生等毛病。产生这些问题的原因，有技法方面的，也有观察方法方面的，主要是作画者对客观物体所产生的色彩现象缺乏一定的理解。比如把一块我们认为很漂亮的颜色放到一幅和谐的色彩画中，可能会显得很不和谐。而将一块看似很脏、很难看的颜色，通过合理的位置安排放在一幅画面中，可能会恰到好处，产生和谐、统一的画面效果。合理地观察、表现色调，关键就在于对客观物体的色彩关系及其变化规律的理解。

自然界中任何物体都存在于一定的空间内，相互制约、相互联系。色彩也是如此，它必然与周围的物体或背景相互影响、相互制约，从而形成一定的关系，这就是色彩关系。它的变化规律就是固有色与各种条件色对立统一的规律。

理解和运用色彩关系对作画者来说非常重要。它会使作画者变得更主观，不会被动模仿客观物体的色彩，而是按照在一定的条件下所形成的色彩关系去表现画面。这样才能真正提高我们观察色彩的能力。对于一些特殊材质的物体，比如说反光非常强的陶瓷制品，它极易受到光源色与环境色的影响，需要我们去分析该物体应有的固有色；而对于一些不上釉的粗陶制品、木制品或几乎看不到反光的深色物体，更需要我们根据色彩环境和设计的需要来选择。

总之，具体问题要具体分析，不能仅凭感觉作画。但要说明的是，没有感觉是绝对画不出好的作品来的，因为一幅作品要想真正打动别人，首先要打动自己。所以说感觉也很重要。很多初学色彩的学生素描功底很强，色彩感觉好，也能画出很好的作品，但只限于写生。要想脱离客观的环境去创作，就一定要有色彩的理论做前提，努力培养观察能力、分析能力，以及眼、脑、手的协调，在感性认识——理性认识——感性认识的这个过程中得到真正的提高。

三、色调的训练

(一)单色调训练

对于初学者来说，为了更好、更准确地表现一幅画面的色调，需要做一些单色调的训练，这是一种更好地将素描与色彩结合起来的方法。素描关系是一种明度的黑白灰关系，相比较而言，会更好理解和掌握。而色彩则加入了色相、纯度这两个要素，这样作画者就很容易混淆色彩关系，尤其是对造型与空间的处理，不知道怎样用不同的色块去搭建体积，以及处理物体与物体、物体与背景之间的色彩关系。因此，由素描向色彩过渡的阶段，一些单色调的速写式训练就显得尤为重要了。

在实际操作中，可以先用水粉色画素描关系来为画色彩打基础，经过短时间的单色调的色彩训练，对色彩的色调以及水分有了一定的掌控之后，便可以表现真实的画面色彩了。

在很多设计作品中，单色调的画面经常出现，它用一种颜色，通过在明度和纯度上进行调整，使这种色调看上去非常和谐、统一。根据单色调所用色彩深浅变化的不同，效果也不一样。色彩的层次大，明度差别就大，效果也非常鲜明。

(二)复合式色调训练

色调的综合应用可以是不同颜色的结合，也可以是互补色的运用。总之，它不再是一个很单一的色彩画面，而是综合了各种色调。画面出现了冷暖对比、纯灰对比等，形成了绿色暖调、互补色以及明度的中长调。而蓝绿色是冷色调代表，为了丰富画面，中间也有互补色产生。

(三)记忆性色调训练

我们所看到的各种各样物体的颜色实际上不是一成不变的，在不同光线的照射下，会有很大的差别，但是通常意义上我们会给每一个物体设定一个相对固定的色彩，那就是在白天太阳光照射下所呈现的色彩状态，我们称之为固有色。长期以来，在日常生活中，我们也习惯了这样的色彩。这种给人深刻印象的色彩，也可称为记忆性色彩。比方说一提到茄子，我们都知道它是深紫色的；再比如秋天是金黄色的，冬天是白色的。虽然这些都是一些大的场景，但是由于人们经过长时间的观察和感受，已经形成了较为固定的色彩模式，这样更有利于指导我们的颜色设计。我们可以做一些关于色彩的感觉训练，比如酸甜苦辣、喜怒哀乐等，以强化对色彩的感受能力。

(四)色调的变调训练

色调的变调训练是比较有难度的，它要求在熟练表现原色调的基础上，更深层次地研究、分析色彩之间的细微变化，发现色彩中色调表现的多样性，主动改变固有的色调，形成新的同样也很和谐的画面色调。比如一幅色彩画面，是由一大块蓝布和一小块黄布组成，还有一些明度是中间色调的物体，那么我们可以感受到的是这幅画面的色调是冷色的。在完成这幅原调色彩作品后，把衬布的颜色做一下调整，原来大面积的蓝色和小面积的黄色对调一下，整个画面的环境色就会跟着调整，最终形成以黄色调为主的暖色调。

四、装饰表现图中的冷暖色调

在一幅装饰表现图中大体可以分为暖色调和冷色调，无论是暖色调还是冷色调，都可以把它设计为较明快的亮色调和较柔和的中性色调。

亮色调适合表现大堂等较为开阔的公共空间，多用一些明度较高的颜色，更能够体现出要表现的内容，烘托出主题气氛。

中性色调画面色调柔和，给人们一种温馨、朦胧的感觉，适合表现卧室等适合休息、睡眠等具有一定隐私的空间场所。

客厅是活动空间，适合运用暖色调。气氛热烈的画面使人感到温暖、舒适，适合表现餐厅、商场等公共空间。冷色调适合表现办公室、操作间、工作室等。使用色彩表现建筑空间环境要结合装饰材料的材质，从而较系统地掌握对空间环境的处理和色彩的搭配。

五、色彩面积大小及浓淡对比

在建筑装饰表现图中，每一块色彩面积的大小、浓淡的对比，在室内外表现图中发挥的作用都与展示效果息息相关。

把握好色彩面积，对控制室内最终的整体效果起着至关重要的作用。不同面积的比例，显示不同色量的关系，因而产生不同的色彩对比效果。如果室内使用两种色相的对比，并以等面积出现，那么这两种色彩的冲突就会加剧，各自要显示自己的力量，从而使人们感觉室内杂乱。

六、色彩的重复与呼应

色彩的重复与呼应，能使人的视觉取得联系与运动的感觉。当将色彩进行有节奏的排列与布置时，同样能产生色彩韵律的感觉。这种节奏不一定安排在大面积上，可以运用在相关的或较接近的物体上，色彩的面积和数量也可灵活多变，如地砖与墙面砖的排列、室内各饰物的陈设色彩与家具的固有色等都可巧妙结合而创造出极佳的色彩效果，从而在视觉上产生相应的凝聚力。

七、色彩的统一协调

色彩的布局及比例分配在建筑装饰表现图中较为重要，室内往往有背景色、主导色和强调色之分。背景色是面积大的色，形成室内的主色调，占有较大的比例。主导色是室内占统治地位的家具色，作为与主色调的协调色或对比色。家具的款式、质地与色彩，都会显示室内独特的气氛，引人注目，不仅体现在色彩上。强调色便是点缀色。点缀色往往是画面色彩的中心点，起到画龙点睛的作用，以达到统一、协调画面的效果。

第二节　建筑装饰表现图色彩的魅力

一、色彩的相关知识

(一) 色彩的形成

在了解色彩知识时，首先应当明确色彩是以怎样的一种形态存在于客观世界中的。阳光明媚的时候，我们看到自然界万物的丰富多彩；但如果是在浓云密布的深夜，那就伸手不见五指了。我们之所以能看到物体的色彩，是因为光线照射的原因，没有光就没有色，即色彩来自于光。

1. 光与色

光是属于一定波长范围内的电磁辐射，是产生色彩的首要条件，而且同一物体也会因不同的光线照射而产生不同的色彩变化。例如，把一件衣服分别放在阳光和灯光下做比较，若灯光含有的红色光多、青色光少，则灯光照射下的衣服偏红。

不同色彩是通过不同波长的光线对人的视觉不同程度的刺激而使人感觉到的。科学家的试验证明：人的眼睛只能看见波长为 380～780 mm 的电磁波，这就是可见光线。每一段波长都代表或呈现一定的颜色，超出以上范围长度的波长是人眼看不到的，即不可见光线。

1666 年，英国物理学家牛顿(1643—1727)把一束太阳光从缝隙引入暗室，通过三棱镜后，光线产生了折射。折射后的光投射在白色的屏幕上，呈现出美丽的色带，这些色彩以红、橙、黄、绿、青、蓝、紫的顺序排列。这就是后来被命名的"色彩光谱"。

我们看到的物体有的本身能发出光线，如太阳、电灯、火焰等，可以称为发光体。大多数物体是不发光的，称之为受光体。不发光的物体被光线照射后，把光线反射到人的视觉系统中，我们就看到了物体的形象和色彩。每种物体在接受光照时，在吸收和反射光线上各有特性，吸收一部分光线，反射一部分光线，物体的色彩就是由这些被反射出光线的色彩决定的。例如，我们看到物体呈白色，是它把光线中红、橙、黄、绿、青、蓝、紫这七种光色大部分反射出来，而物体的黑色则是把这七种光色大部分吸收；物体呈红色是把橙、黄、绿、青、蓝、紫光吸收，只把红色光反射出来而形成的(图 3-1)。以上几种颜色是经过三棱镜分解的，其中任意一个色光，再经三棱镜都不能再分解。

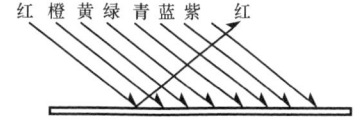

图 3-1　光的反射

2. 色彩的混合

色彩的混合是指在某一种色彩中混入另一种色彩，混合之后该色的色相、明度、纯度都会起变化。色彩混合可分为加色法混合、减色法混色和中性混合。

(1)加色混合。加色混合又称色光的混合，即将不同光源的辐射光投照到一起，合照出新色光(参见彩图 6)，色光混合后所得混合色的亮度比参加混合的各色光的亮度都高，是各色光亮度的总和。例如，红＋绿＝黄，明度增加；绿＋紫＝蓝，明度增加；红和蓝可混成亮红，明度增加。如果把三个原色光混合在一起，变为白色光，白色光为最明亮的光。如果改变三原色的混合比例，还可得到其他不同的颜色。如红光与不同比例的绿光混合可以得出橙、黄、黄绿等色；红光与不同比例的蓝紫光混合可以得出品红、红紫、紫红、蓝；紫光与不同比例的绿光混合可以得出绿蓝、青、青绿。加色混合法是颜色光的混合，颜色光的混合是在外界发生的，然后作用到我们的视觉器官，也可以说是不同的光线射入我们的视网膜，我们便看到了颜色。

(2)减色混合。利用颜料混合成颜色透明层叠合的方法获得新的色彩，称为减色混合法。有色物体(包括颜料)之所以能显色，是由物体对色谱中色光选择吸收和反射所致。"吸收"的部分色光，也就是"减去"的部分色光。印染染料、颜料、印刷油墨等各色的混合或重叠，都属于减色混合。当两种以上的色料相混或重叠时，相当于在照在上面的白光中减去各种色料的吸收光，其剩余部分反射光的混合结果就是色料混合和重叠产生的颜色。色料混合种类越多，白光中被减去的吸收光就越多，相应的反射光量也越少，最后将趋近于黑浊色。这就是减色混合。

在颜料混合中，混合后的颜色在明度与纯度上都发生了改变，色相也会发生变化，混合颜色的种类越多，混合的新颜色就越灰暗(参见彩图7)。

根据减色混合的原理，品红、黄、青按不同的比例混合，从理论上讲可以混合出一切颜色。因此，品红、黄、青三原色在色彩学上称为一次色；两种不同的原色相混所得的色称为二次色，即间色；两种不同间色相混所得的色称为第三次色，也称复色(参见彩图8)。

(3)中性混合。中性混合又称平均混合，其是色光传入人眼在视网膜信息传递过程中形成的色彩混合效果，介于加色混合与减色混合之间。它与色光的混合有相同之处，其表现方式有旋转混合与空间混合两种。

1)旋转混合。旋转混合属于颜料的反射现象，在图形盘上均匀地涂上红、绿线条(参见彩图9)，并使之均匀的旋转。

由于混合的色彩快速、反复地刺激人视网膜的同一部位，从而得到视觉中的混合色。色盘旋转的实践证明：应用加色混合，其明度提高，利用减色混合则明度降低，被混合的各种色彩在明度上却是平均值，因此称为中性混合。

2)空间混合。空间混合也称第三混合，其是指将两种或多种颜色穿插、并置在一起，通过一定的视觉空间距离，在人的视觉中造成色彩混合的效果。例如，红色、蓝色点并置的画面经过一定距离后，我们发现红色与蓝色变成了一个灰紫色，事实上，颜色本身并没有真正混合，这种混合是在人的视觉内完成的，故也叫视觉调和。空间混合的特点是混合后的色彩有跳跃、颤动的效果，因此，它与减色混合相比，明度显得要高，色彩显得丰富，具有一种空间流动感。空间混合的方法被法国的印象派画家修拉、西涅克所采用，开创了画面绚丽多彩的"点彩"画法。在现代生活中，电视屏幕的成像、彩色印刷等都是利用了色彩并置的原理来实现的(参见彩图10、彩图11)。色彩空间混合具有如下规律：

①若互补色关系的色彩按一定比例的空间混合，可得到无彩色系的灰和有彩色系的灰。

如红与青绿混合可得到灰、红灰、绿灰。

②若非补色关系的色彩空间混合时，则产生间色。如红与青混合，可得到红紫、紫、青紫。

③有彩色系色与无彩色系色混合时，也产生二色的间色，如红与白混合时，可得到不同程度的浅红。红与灰的混合，得到不同程度的红灰。

④色彩在空间混合时所得到的新颜色，其明度相当于所混合色的中间明度。

⑤色彩并置产生空间混合是有条件的：其一是混合的颜色应是点或细线，同时要求为密集状，点与线越密，混合的效果越明显。色点的大小，一般在画面的1/2 000。其二是色彩并置产生的空间混合效果与视觉距离有关，必须在一定的视觉距离之外，才能产生混合。一般为1 000倍以外，否则很难达到混合效果。其三是对比各方的色彩比较鲜艳，对比较强烈，色彩的位置关系为并置、穿插、交叉等。

色彩空间混合具有以下三大特点：

①近看色彩丰富，远看色调统一。在不同的视觉距离中，可以看到不同的色彩效果。

②色彩有颤动感、闪烁感，适于表现光感。

③如果变化各种色彩的比例，可以使用少量的色彩，得到丰富的效果。

空间混合在生活、设计中应用广泛，如图案设计、马赛克拼图、壁画设计、壁毯设计、分色印刷等。它拓宽了传统的色彩表现方法，丰富了色彩表现的领域。

(二)色彩的要素

根据色彩理论的分析，任何颜色都具有三种重要的性质，即色相、明度、纯度，并称为色彩的三属性。在色彩学上也称色彩的三要素或三特征。这三个要素是不可分割的一个整体(参见彩图12、彩图13)。

1. 色相

色相是指色彩的相貌，如红、黄、蓝等，能够区别各种颜色的固有色调。每一种颜色所独有的与其他颜色不相同的表象特征即色别。在诸多色相中，红、橙、黄、绿、青、蓝、紫是7个基本色相，将它们依波长秩序排列起来，可以得到像光谱一样美丽的色相系列，色相也称色度。

2. 明度

明度是指色彩本身的明暗程度，可称为色的亮度，也指一种色相在强弱不同的光线照耀下所呈现出的不同的明度。光谱7色本身的明度是不等的，也有明暗之分。每个色相加白色即可提高明度，加黑色即可降低明度。在诸多色相中，彩色系列明度最高的色相是黄色，明度最低的色相是紫色。黑、白、灰等没有色彩倾向的色系称无彩色系，其明度最高的色相是白色，明度最低的色相是黑色。

色彩的明度可以从两个方面分析：一种是各种色相之间的明度有差别。例如，把黄色和墨绿色放在一起，我们可以看到两个截然不同的色彩，同时感觉到黄色浅而墨绿色深，两个色相之间可以比较明度；另外一种情况是同一色相的明度因光量的强弱不同从而产生不同的明度变化。例如，柠檬黄色的明度高，土黄的明度低，此外还有一些颜色明度接近而不容易辨出来，例如紫色和蓝色、棕色和绿色。那么，如何区分色相不同明度接近的色彩明度差呢？一个简单的办法就是把有彩色变成无彩色，可以用电脑把彩色处理成黑白图，这时作明暗比较就显而易见。

3. 纯度

纯度是指色光波长的单纯程度，也称为艳度、彩度、鲜度或饱和度。物体颜色的纯度是由物体表面反射光谱辐射的选择程度而决定的。如果物体对光谱某一较窄波段的反射率很高，对其他波长的反射率很低，或者没有反射，该物体在视觉中就呈现为高纯度的色；反之，物体表面如果对光谱的各波长都同样地反射或吸收，则会呈现为纯度为零的白色、灰色、黑色。在七色相中各有其纯度，七色光混合即成白光，七色颜料混合成为深灰色。黑白灰属无彩色系，即没有纯度。任何一种单纯的颜色，倘若加入无彩色系中的任何一色的混合即可降低其纯度。一般来讲，纯度的变化大致有两个规律。任何一个纯色，随着其黑、白、灰成分的增大，其纯度等级随之降低；任何一个纯色，加入白色则明度提高，加入黑色则明度降低，加入同明度的中性灰色则明度不变，但是无论加入黑白灰中的哪一种，其纯度都会降低。

全部色彩都存在着色相、明度、纯度这三个相互独立的性质。

(三) 色性

1. 基本概念

色性就是色彩的性格，是指自然界各种颜色在人们心理上所产生的感觉和联想。

2. 色性的分类

(1) 暖色。凡是偏向于红、橙、黄的颜色称之为暖色。

(2) 冷色。凡是偏向于青、蓝、紫的颜色称之为冷色。

蓝与橙是冷暖的两个极色，介于二者之间的色称为中性色（中性微暖色、中性微冷色）。

色彩中的冷暖只是相比较而言的。如绿色和红色相比较，绿色是冷色，但是，绿色与蓝色相比较，绿色则是暖色。再以朱红和深红相比较，朱红偏暖，深红则偏冷。

二、色彩的对比与调和

对比与调和是绘画上处理色彩关系常用的方法，对比给人以强烈的感觉，调和则给人协调统一的感觉。但运用在绘画中时，两者应各有侧重，才能使画面生动，达到变化统一的色彩效果。

(一) 色彩对比

1. 色彩对比形式

(1) 色彩的同时对比。色彩的同时对比是指在同一空间、同一时间所看到的色彩对比现象。两个非补色的颜色并置时，视觉神经总是设法找出补色因素，以维持视觉平衡。例如，将两块同样的灰色分别置于红色和蓝色背景上，红色背景上的灰色显示出冷的蓝味，蓝色背景上的灰色显示出暖的红味(参见彩图14)。再如把一块橙色，分别放置在红色底和黄色底上，黄色底上的橙色偏红，红色底上的橙色偏黄(参见彩图15)。同样，把相同明度的灰色分别放在白色与黑色的背景上，灰色布在白色背景上会显得比其本身的明度更暗一些，灰色布在黑色的背景上就会显得比其原本的明度更高一些(参见彩图16)。

(2)色彩的连续对比。色彩的连续对比是指在不同时间和空间观看不同颜色而产生的前后对比。当人们先看红色地毯再看黄色地毯(时间非常接近)，会发现后看的黄色地毯偏绿，这是因为眼睛把先看色彩的补色残像加到后看物体色彩上的缘故。在明度上，若先看的色彩明度高，则后看的色彩明度显得更低，反之亦然。其对比特征如下：

1)在连续对比中，把先看到的色彩的残像加到后看到的色彩上面，纯度高的色彩比纯度低的影响力强。

2)在连续对比中，先看到的色彩与后看到的色彩如果是补色关系时，则会增加后看到的色彩的纯度，对比最强烈的就是红色和绿色。

2. 色彩对比种类

(1)色相对比。因色相之间的差别而形成的色彩对比称为色相对比。由于各色相在色相环上的距离远近不同，它们之间有强对比、弱对比之分。

不同的色相对比，给人不同的心理感受，它在画面对比中是较为明显的一种对比，实际上是明度对比、纯度对比、补色对比。色相对比的强弱是由在色相环上色与色的距离之差来决定的，色相之间的距离越近，对比越弱；距离越远，对比越强。以下归纳五种色相对比的类型，仅供参考。

1)同类色相对比。在色相环中，色相之间的距离角度在15°左右的对比称为同类色相对比。由于色相之间的差别很小，只能构成明度及纯度方面的差别，是最弱的色相对比。这种对比在视觉上色彩差别很小，所以常把同类色相对比看作是同一色相不同明度与纯度的色彩对比。这个角度的色彩对比，色相感单纯、柔和，容易统一调和，但也易产生单调、平淡的感觉。

2)类似色相对比。在色相环中，色相之间的距离角度在45°左右的对比称为类似色相对比。此对比略为明显，都含有共同色素，色相较单纯，对比差别小，显得高雅、柔和、素净。

3)邻近色相对比。在色相环中，色相之间的距离角度在15°～30°的对比称为邻近色相对比。处在这两个位置上的对比色相，由于距离较远，所以对比也变得强烈起来，属于色相的中对比，但它们仍然拥有色相上的共同点，那就是既有清晰的对比效果，同时又和谐、丰富、明快，如黄与橙、黄与绿、蓝与紫、紫红与紫、蓝绿与绿等。邻近色相对比的特点是：色彩对比明快、鲜艳，可以组成活泼、艳丽的色调，要比同类色相对比明显、丰富、活泼，在保持了统一的优点的同时，又克服了视觉不满足的缺点。服装设计和室内设计就经常采用这种配色手法。

4)对比色相对比。在色相环中，色相之间的距离角度在125°左右的对比称为对比色相对比，是色相的强对比，其特征为强烈、跃动、鲜明。如黄与蓝紫、绿与紫红、红与黄绿等。对比色相对比比邻近色对比更鲜艳、更强烈、更饱满丰富，容易使人兴奋、激动，但也容易使人产生视觉疲劳，处理不当则容易给人杂乱、烦躁、不安定的感觉。

5)互补色相对比。在色相环中，色相之间的距离角度为180°左右的对比称为互补色相对比，例如红与绿、黄与紫、蓝与橙等。古诗中有"一道残阳铺水中，半江瑟瑟半江红"，形象而生动地说明了红与绿互补色对比的意味与形式。互补色相对比是颜色中最强烈的对比方式。利用颜色互补的对立使双方色感增强，产生视觉争夺。

(2)纯度对比。因纯度的差别而形成的色彩对比称为纯度对比，由于色彩内纯度差别大小不同，便形成了纯度弱对比、纯度中对比和纯度强对比。

1)纯度弱对比。进行对比的几种色彩，其纯度值相差在4级以内的对比为纯度弱对比。由于进行对比的各色纯度值差别小，因此画面容易统一，且有较强的柔和感。

2)纯度中对比。进行对比的几种色彩，其纯度值相差在5~7级的对比为纯度中对比。对比中的双方各自处于相邻的两个阶段内，这种对比具有统一、和谐而又有变化的特点。色彩的个性在这种对比中显得比较鲜明，对于视觉没有强烈的刺激，但由于同色相、同明度，仍会造成含混、朦胧的效果。

3)纯度强对比。进行对比的多种色彩，其纯度值相差在8级以上的为纯度强对比。对比双方的位置处于纯度色标的两端，形成高纯度色与低纯度色的强烈对比关系。这种对比关系效果十分强烈、清晰度高、引人注目，色相的心理作用明显，能够产生鲜明、生动、活泼的视觉效果。

(3)明度对比。因明度的差别而形成的色彩对比称为明度对比，由于明度对比程度不同，它们之间便形成高明度、中明度、低明度色调。明度对比在色彩构成中占有重要位置，其作用是强化色彩的明暗层次和立体感、空间关系等。

色彩明度差在3个阶梯内的组合叫作短调，为明度的弱对比；明度差在3~5个阶梯以内的组合叫作中调，为明度的中对比；明度差在5个阶梯以上的组合叫作长调，为明度的强对比。若从单纯的明度对比看，只有无彩色黑、白、灰之间的对比是单纯的明度对比，而其他色均是以明度对比为主的构成。

为了方便学习，我们把色彩中的黑、白两色进行等差排列，由黑到白划分为12个阶段，形成明度序列。1~4为低明度、5~8为中明度、9~12为高明度。

明度比可分为以下几种不同的明度调子。

1)高长调。高长调即高调中的长调对比，该对比以大面积的高调色为基调，配合小面积的低调色，形成强烈的明暗对比效果。视觉感受积极、明快、刺激、坚定。

2)高短调。高短调即高调中的短调对比，该对比以大面积的高调色为基调，配合明度差别小的色彩，形成高调的弱对比。形象分辨率差、优雅、柔和、高贵、女性感，但这一方面也容易造成色彩贫乏，画面无力，没有注目性的效果。

3)中长调。中长调即中调中的长调对比，该对比以大面积的低调色为基调，配合高调色与低调色，形成中调的强对比。明确、稳健、坚实、直率、男性感。

4)中短调。中短调即中调中的短调对比,该对比以大面积的中调色为基调,配合以明度差别小的色彩,形成了中调弱对比。中短调朦胧、模糊、沉稳、易见度不高、呆板。

5)低长调。低长调即低调中的长调对比,该对比以大面积的低调色为基调,配合小面积的高调色,形成明度的强对比。低长调明度反差大,清晰度高,从而使画面具有极强的视觉冲击力,且视觉感受上会强烈、锐利、暴露、生硬、不安。

(4)冷暖对比。色彩的冷暖属性是人们对自然环境色彩的心理体验,表现图更强调主观的感受与判断。这种冷暖的比较不是绝对的,如中黄色与草绿色相比,后者较冷,钴蓝色与草绿色相比,后者较暖。绘图时,应在统一的基调下,在物体与场景之间、光与影之间、主体与次体之间寻求冷暖的对比关系。

在色相环上,假设冷极色为蓝色,暖极色为橙色,从色相的排列顺序可以看出,色彩的冷暖感觉为:凡是离暖极越近的色给人感觉越暖,离冷极越近的色给人感觉越冷。在绘画艺术作品中,色彩的冷暖对比是由冷暖颜色同时出现在一幅画面上所造成的对比效果。色彩的冷暖对比在后期印象主义作品中得到了充分的运用。色彩的冷暖对比是色彩结构中对人的感情产生最大影响的色彩对比。

(二)色彩调和

色彩的调和是指两个或两个以上的色彩经过调整、组合达到和谐与悦目。在设计中,色彩是否调和,通常取决于是否能满足我们的视觉感受和生理需要。为了适应目的,色彩调和相对于色彩对比来说更倾向于色彩视觉效果。因此,色彩调和的意义在于:使有明显差别的色彩经过调整构成和谐统一的整体,构成符合设计目的和谐的色彩关系。具体的调和方法可归结为以下几种:

(1)混入同一色调和。许多各不相同的颜色并置,只要在这些色中加入同一色素,就能使这些色调和。增加的同一因素越多,调和感就越强。同一色单混合法包括同色相调和、同明度调和、同纯度调和以及非彩色调和。例如在强烈刺激的色彩双方或多方混入白色,使明度提高、纯度降低、刺激力减弱,或混入黑色使双方或多方明度、纯度均降低,对比减弱等。

(2)秩序调和。秩序调和是指把不同明度、色相、纯度的色彩组织起来,形成渐变的或有节奏、有韵律的色彩效果,使原来对比过分强烈刺激的色彩关系柔和起来,使本来杂乱无章的色彩有秩序、和谐、统一起来,此方法称为秩序调和。秩序调和法包括对同色相、同纯度色作明度渐变秩序组合,同明度同纯度色作色相渐变秩序组合,对同色相色作明度、纯度渐变秩序组合,同明度色作色相、纯度渐变秩序组合,同纯度色作明度、色相渐变秩序组合。

(3)分散排列法。假如有一组色彩明度或者彩度都比较高,或者互为补色,对比效果过分强烈,使人产生不适感,可以通过分散画面中的一种色彩,使之反复出现于画面中,成为主角色彩,占有画面绝大部分的面积与比例,同时相应减少其他对立色彩的面积,画面就会有秩序地缓和下来,从而达到调和的效果。

(4)间色调和。对比强烈的几组色彩同时出现时，将这些相互冲突的色彩的间色调配出来，再将其与两块强烈色彩组合在一起，这样就可以得到既有统一又有差别的协调效果。由于间色是由两个强烈色叠混而成的，所以此色中必然包含了原有两色的属性因素，色相上也就相关起来，从而使色彩调和成为可能。

(5)无彩色隔离法。对于画面上对比强烈的色彩，用第三色将它们隔离开来，可起到缓解和削弱对比的作用。第三色常采用黑、白、灰、金、银等中性色，这样既可避免对立色的直接接触，又使视觉在感受不同的对立过程中体验到色彩的调和。此外，采用一色勾勒轮廓，也是常用的调和方法之一。

三、色彩变化的主要因素

(1)光源色。光源色即光源的颜色。不同颜色的物体，在同一光源照射下，会罩上一层统一的光源色彩，使物体固有色发生变化。光源色对物体的受光部影响较大。光源色对一幅画的整个环境和气氛都起着很重要的作用。同时，它又是表现光感、统一画面色调的重要因素。

(2)固有色。固有色是指物体的本身色，物体的固有色只有在光线充分、柔和、漫射光的条件下，或者物体处于亮部的中间色部分，才能较充分地体现出来。实际上，固有色是不固定的，客观物体的颜色，都受光、空间、环境的影响而变化，因而对物体固有色的认识，要根据具体条件进行观察、分析，才能作出正确的判断。

(3)环境色。物体色彩是受周围色彩及其他条件影响的，不是孤立存在的。客观物体的固有色实际上是受光源色、环境色的影响而呈现的。环境色的强弱与光的强弱成正比，浅色的、光滑的物体环境色明显，深色的、粗糙的物体环境色较弱。

光源色、固有色和环境色是构成物体色彩变化的三个主要因素，它们的关系是相互影响、相互制约的，但三者不是均等的作用，而是在不同的条件下，各自处于不同的主次位置。

四、表现图的色彩

生活中，色彩对人的心理和情感起着较大的影响。优秀的设计师无一不把它作为重点思考内容和表现因素。系统的色彩知识、敏感的色彩感觉、良好的审美品格以及呼之欲出的表现积累，这些都是设计师应当具有的专业素质。

就色彩艺术的表现本质讲，表现技法的色彩训练与其他美术形式的训练是一致的。但在具体的要求和方式上，表现图的色彩有其自身的独特性。主要体现在以下四个方面：

(1)表现图色彩关系遵循一般色彩规律。色相、明度和纯度是构成色彩的三大基本要素，必须清楚它们的概念和内在的联系；掌握色彩的基调、过渡、冷暖、固有色、光源色、环境色以及对比与协调等基本规律。

(2)表现图的用色。它不需要过分追求色彩的微妙变化，而是更多地运用色块，整体性地表现建筑的体量关系。这也是与纯美术品用色的区别所在。实际上也是体现"建筑画"的手法。

(3)表现图的色彩运用。它有许多概念性的成分，虽然不同的建筑空间有不同的方法，但基本方式是一样的。比如色彩渐变的处理、高光的点取、线条的勾勒、抽象光影的笔触等。

(4)着色步骤。一般的绘画是从大关系入手，再局部深入，而表现图为求得整洁、利落的图面效果，是在底色的基础上，从局部开始，画到一处完成一处。这就要求画者在动手之前对整体色彩做到胸有成竹，认真细致地考虑后再落笔。

第三节　建筑装饰表现图构图规律

一、表现图的构图要点

构图意指画面的布局和视点的选择，这一内容可以和透视部分结合来看。构图是设计表现图的重要组成要素。一个好的构图可以通过活跃而有序的画面构成来突出所要表达的主题内容。表现图的构图就是要让主题在画面中的位置恰到好处，讲究画面构图的完整、主次分明、疏密与均衡、统一与对比，体现形式美的法则。

具体作画中一般按以下步骤构图。

(1)合理选择透视点和角度。一般认为建筑的主体放在画面的黄金分割处，画面会富于变化且不失平衡，这是一种以正求稳的构图方法。若将主体放在中心或者透视的灭点方向，有可能会使画面显得呆板，可以用配景等衬托元素来打破画面的呆滞感；也可以在表现图中利用明暗调子，把光线集中在主体上，这样主题会更加突出。

主体偏于一侧，容易引起画面失衡。但若处理得当，也会别出心裁。采取这种形式，可以在另一侧用大量的构图元素来平衡。这时应注意不要让配景分散了视觉中心，配景元素的变化应简洁，与主体在形式、色彩上形成对比、衬托的关系。

(2)画面的虚实刻画。构图过程中重点部分应细致刻画，而其他部分则就点到为止，以突出主体。如果对画面每个部分都深入刻画，重点部分也就不是重点，画面看起来就比较平淡或繁乱。要将形式各异的主体与配景元素统一成整体，主体与配景之间应形成图底关系，使配景在构图、色彩、用笔等方面起到衬托作用，将配景虚化，以简洁的虚实对比来突出主体。

(3)检查构图的对称性。均衡对称的构图可以使各部分物体在比重安排上基本相称，使画面平衡而稳定，适合表现比较庄重的空间环境。而在表现非正规、活泼的空间时，在构图上却要求打破对称，一般情况下要求画面有近景、中景和远景，这样才能使画面更丰富、更有层次感。

(4)疏密变化的调整。构图的疏密变化有形体疏密与线条疏密或两者的组合三种，也就是点、线、面的关系。疏密变化处理得好，画面就会产生节奏感和韵律感，富于层次变化，使画面显得帅气、活泼，否则就会产生拥挤或分散的感觉。

二、常见构图形式

构图形式的选择可从几个方面着手，从建筑给予的空间形态、空间的功能特性、设计创意思想和室内布置的方式等方面来设计画面形式，制造空间环境的情趣。常用的室内表现图构图有如下几种。

1. 三角构图

这种构图画面平稳、主体突出、中心明晰，便于室内物体布局，是一种较为常规的形式，采用三点透视更是比较易于出彩，如图 3-2 所示。三角形构图用于较高的空间绘制，能够体现环境的中性特征与画面气势。

图 3-2 三角形构图

2. 竖向构图

由于所绘制的室内空间较高，呈垂直线状态，为了体现其高耸、挺拔的气势而采用的构图，也可运用三点透视法来表现这一类空间环境，如图 3-3 所示。对于别墅类的空间环境，由于装饰内容涉及各个界面，所以，绘制必须顾及全面，竖向构图应是首选。

图 3-3 竖向构图

3. V 形构图

V 形构图在室内表现图的绘制中运用得比较多,主要是源于室内空间环境的布置形式和装饰手法,一般情况下,大多天棚运用的装饰考虑到人的心理因素手法趋于简单,所以重点关注的是立面造型和地面布置,如图 3-4 所示。V 形构图利于绘制室内空间,例如,左右物体丰富或中间相对宽阔的商场、家居客厅。

图 3-4 V 形构图

4. 水平构图

水平构图大多适宜一点透视表现图，画面舒展，能够较为完整地体现室内空间特征及内容，具有良好的解读性，如图3-5所示。空间环境物体平铺直叙，需要交代清楚，采用水平构图就易于体现。

图3-5 水平构图

本章小结

在建筑装饰表现图中，通过色调可以表达出某种气氛和情感，而色调的和谐主要是因为色彩的和谐，而色彩的和谐主要来自人的生理和心理方面的需求，所以，色调的形成与色彩的运用有着密切的关系。学生应合理应用色调与色彩的搭配，充分表现出色彩的魅力。

复习思考题

一、填空题

1. 在建筑装饰表现图中，通过色彩中_____、_____、_____的组合变化，产生对一种色彩结构形成的整体印象，这便是色调。

2. _____是通过色彩的各种关系比较而形成的，它控制整个画面的色彩倾向。

3. 色彩的层次_____，明度差别_____，效果也非常鲜明。

4. 在一幅装饰表现图中，大体可以分为_____和_____。

5. 在建筑装饰表现图中，每一块色彩_____、_____，在室内外表现图中发挥的作用都与展示效果息息相关。

6. 色彩混合可分为_____、_____和_____。

二、选择题

1. 色调的训练不包括(　　)。

　　A. 单色调训练　　　　　　　　B. 复合式色调训练

　　C. 记忆性色调训练　　　　　　D. 色调统一协调训练

2. (　　)能使人的视觉有联系与运动的感觉。

　　A. 色彩的重复与呼应　　　　　B. 色彩的面积大小

　　C. 色彩浓淡对比　　　　　　　D. 色彩的统一协调

3. (　　)是面积较大的颜色，形成室内的主色调，占有较大的比例。

　　A. 背景色　　　B. 主导色　　　C. 协调色　　　D. 对比色

三、简答题

1. 色彩在画面中形成色调的主要原因有哪些？

2. 色彩空间混合具有哪些规律？

3. 色彩的要素包括哪些？

4. 色彩变化的主要因素有哪些？

第四章　钢笔表现技法

学习目标

通过学习本章内容，了解钢笔画工具与表现特点；熟悉钢笔画线条形态、组织，钢笔线条的运用；掌握钢笔画表现种类与构图知识、室内单体绘制方法、室内单体组合绘制方法、室内一角绘制方法。

能力目标

通过本章内容的学习，能正确运用钢笔，能在教师指引下正确地进行钢笔线条排列，能运用钢笔的加法表现光影、材质等。

第一节　钢笔画工具与表现特点

一、工具与材料

1. 钢笔

用于绘制钢笔画的笔主要有美工笔、普通钢笔、针管笔、蘸水笔、滚珠笔等。

(1)美工笔。美工笔画出的线条有粗细变化，且富有弹性。

(2)普通钢笔。普通钢笔有蘸水笔线条变化的灵活性，而且自带蓄墨囊来保证笔尖的流畅。钢笔绘制方便、笔调清劲、刻画精细。

(3)针管笔。针管笔有多种规格(0.1～1.2 mm)，适宜在光滑的绘图纸和硫酸纸上以点、线作画。不使用时，应将针管内的墨水冲洗干净，以保证下次作画时针管笔能流水通畅。

(4)蘸水笔。蘸水笔和普通钢笔最大的区别是没有蓄墨囊，即蘸即用。蘸水笔可用防水墨水或水溶性墨水在细或粗制的画纸上，用点、实线或虚线作画。

(5)滚珠笔。滚珠笔被通俗的称为"签字笔"。携带方便，一次性使用。用笔的感觉与普通钢笔类似，但是要比钢笔更流畅，行笔速度更快、更自由，是一种物美价廉的表现工具。

2. 水彩画笔

水彩画笔一般用羊毛制成，柔软、蓄水量大，选用大、中、小各几支即可。大面积涂刷可选用底纹笔，局部渲染时可另备一些小的毛笔，狼毫或羊毫均可。

3. 纸张

钢笔画的用纸选择品种较多，以质地密实、光洁且有少量吸水性能的为好。绘图时较多采用绘图纸、铜版纸、白卡纸，也可使用速写纸、复印纸、色纸等。不同的纸质，其吸水性、吸色性会有差异，不同的纸张纹理对表现效果也有影响，绘图者可根据需要选用合适的纸张。

当采用水彩作为钢笔淡彩画的色彩颜料时，应采用水彩纸最为适宜。水彩纸吸水性强，可反复用水擦洗，且质地细腻。用水彩纸作画，画面色彩明快、清晰、对比强。

4. 墨水

自来水笔可多采用黑色碳素墨水，蘸水笔除可用黑色碳素墨水外，还可用墨汁，也可根据需要选用褐色、棕色或其他颜色的墨水作画，除可以表现较丰富的明暗层次外，还可使画面兼有暖色调的效果。

5. 颜料

水彩颜料一般为铅锌管装，用水调和，水越多色越浅。其色彩淡雅、层次分明，具有透明性。利用这一特性覆盖不同色相的颜料，能隐现透出下层的颜色，使效果图丰富含蓄，最适合作钢笔淡彩的渲染。

6. 其他工具

其他常用的工具还有速写本、画夹、三角尺、丁字尺、橡皮、擦图片、裁纸刀等。若作画时需要，还可准备一些布条、海绵等，以用于画面特殊效果的处理与制作。

二、钢笔画的表现特点

钢笔画是线的组合，以线的粗细、疏密、长短、虚实、曲直等来组织画面，表现建筑及环境场所的形体轮廓、空间层次、光影变化与材料质感，其线条无浓淡之分，画面效果黑白分明、明快肯定，具有黑白相间的节奏感与洒脱、流畅的韵律感(图4-1)。

图 4-1 钢笔画

另外，钢笔画还具有兼容性，比如钢笔淡彩渲染技法是一种以钢笔徒手线条与水彩技法结合起来的表现方法。它既保持了钢笔徒手画准确、细致的特点，又取得了水彩表现技法透明、淡雅的效果(参见彩图17)。

第二节 钢笔画线条特性与运用

一、钢笔画的线条形态、组织

(一)钢笔画的线条形态

钢笔画的线条形态见表4-1。

表4-1 钢笔画的线条形态

线 条	内 容	图 示
紧线	平稳快画	
缓线	运笔上下颤动，缓慢而画	
之字形线	运笔作前后之字形颤动	
颤线	笔尖作不规则颤动	
粗动线	笔压时强时弱，运笔时快时慢	
错叠的线	短线左右移动成长线	
回环线	运笔连续打圈	
断线	由短线组成，虚实相间	
平稳加压线	—	

续表

线　　条	内　　容	图　　示
自由运笔线	—	
顿挫变化大的线	—	
自由运笔的粗线	—	
上下颤动的线	—	
随意的线	—	

(二)钢笔线条的组织

线条和笔触是构成钢笔画的重要造型语言。线条形式取决于运笔的轻、重、快、慢。线条与笔触相互组合构成复杂的形式，以表现物体的质感和色调。画面以单纯的黑色为基调，以深浅不同的黑色表现画面物象的造型、空间、结构等，这些深浅不同的黑色，由点、线、面组成黑、白、灰三种基本色调，线和点的长短疏密组成了深浅不等的色相，代表了画面所有的中间色。白即是表现浅对象或受光部位，要以黑色来衬托，没有足够的黑色，画面就亮不起来，要以黑白平衡画面，尽量缩小色阶层次差异，有时着重画受光部位色阶，暗部统一并要限制一定的色阶范围。

刚毅的粗线、软弱的细线、厚重远虑的密集线条、涣散无律的稀疏线条、热情奔放的规整线条等，其不仅具有表达情感的功能，而且通过线条与笔触相互组合构成复杂的形式用以表现调子、质感、块面、空间和形象特征。

学习钢笔画可从简单的直线线条与曲线线条的练习开始(图 4-2)，练习中应注意：

(1)在练习中注意线条的运笔速度、运笔方向及运笔的力量。从运笔速度看，应保持均匀，且宜慢不宜快，停顿应干脆；从运笔方向看，要求从左至右绘制水平线，从上至下绘制垂直线以及左右斜线；从运笔力量看，要力度适中、保持平稳。

(2)通过组合与排列线条来表现建筑空间的明暗光影与材料的质感。主要包括直线线条

图 4-2　钢笔(针管笔)线条练习

与曲线线条的组合练习与训练，其中直线线条的组合练习要求掌握直线线条的组合与叠加等形式的绘制方法；曲线线条的组合练习则要求掌握曲线线条的叠加、不同形式曲线的组合与点及小圆圈的组合等形式的绘制方法。

(3)通过线条的粗细变化来表达形体的体积感与光影感。一般来说，线条较粗、排列较密的色块就深，反之则浅。应根据光影变化组织线条的疏密，从而形成由明到暗、由浅到深的褪晕效果，如图 4-3 所示。

· 48 ·

图 4-3　钢笔线条的绘制和排列与物体的表现需要相关

二、钢笔线条的运用

(一)线条的材料质感表现

室内装饰设计选用的材料品种很多,有玻璃、砖瓦、石材、木材、水泥、钢材、织物等。材料的质感不一样,绘制出来的线条也是随之变化的。若用线条来表现装饰材料的质感,就要抓住材料的质感特点进行刻画。下面介绍几种用线条来表现的常见装饰材料。

1. 石块墙面

石块墙与砖墙不同,由于石块的大小形状不一致、接缝错落,所以,石块砌出的墙面变化丰富。表现石块墙时应注意用笔灵活,富于变化,可用垂直线加水平线或斜线,黑粗线或点画出石块的阴影,石块上部受光部分留白(图 4-4)。

若墙面为大理石与花岗石贴面,应注意石材的纹饰走向,并通过线条的疏密组织表现建筑的明暗(图 4-5)。

2. 玻璃

玻璃在一般情况下具有既透明又反射的特性。在反映较亮的建筑对象时,玻璃具有较强的反射效果,在受阳光照射时,产生强烈的高光,能把周围的环境,如天空、地面建筑反映出来;在反映较暗的建筑对象时,则一般通过玻璃画出室内空间,这样的表现有丰富、深远的空间效果。

3. 木材

木材的木纹既有一定的规律性又富有变化,其纹路不可能出现交叉和纹混,纹理之间有疏有密,纹路的走向也要有变化。木纹一般是很细腻的,所以用笔一定要清淡,且与轮廓线要有区别。在阳光下的木纹一般要较为省略或细淡,在阴影处可用较重且密的纹理来达到暗的效果。

图 4-4　石块墙面的表现　　　　　　　　图 4-5　大理石墙面的表现

4. 钢材

钢材的主要特点是光滑、反光，其对周围环境的反射能力极强，并且高光会形成粗细不等的垂直面。在用线条表现时，主要用垂直线来表现，高光面的表现要根据整体的明暗关系进行取舍。

5. 其他材质

草地的表现可用短小的竖线、疏密相间的小点来处理；水面可用特有的平直线条与波纹线条来表示，并且应注意倒影的表现，才可使画面更加生动；地毯则可以依据其图案与质地，分别用直线与曲线来表现等。

(二) 线条的环境气氛

在对物体的表现中，线条占有关键作用，室内丰富的家具与陈设所呈现的表面质地，使线条类型的运用选择更加多样化，线条的表现力得到充分的发挥。同时利用线条的对比变化，突出了物体的性格。线条表现物体中，直线多的画面感觉严谨，曲线多的画面则感觉活泼。

(三) 线条的明暗光影表现

在钢笔画绘制前，首先应确定光源的方向，因为光源方向的选定，影响着整个画面的光影效果。光照角度决定了主体环境的明暗和阴影的大小与多少。选择画面调子时，应以画面总的明暗关系来考虑，决定以哪种调子为主。

阳光下的建筑产生的光影，亮面在画面上主要是以浅调子为主，层次较多并显露出很多的质感变化。暗面变化的层次则较少，调子较深，并受一定的反光影响。

第三节　钢笔画表现种类与构图基本知识

一、钢笔画的表现种类

(一)线描法

线描法是指以勾形为主的单线画法,这种画的特点是以简洁、明确的线条勾勒形象的基本结构形态、轮廓,无须繁杂华丽的修饰、烘托,具有清晰、明确的表现特点(参见彩图18)。线描法在钢笔画的表现中具有以下特点:

(1)线描法不仅能正确地反映出物体形象的基本特征,而且通过不同线的运用,可表现物体的质感。如坚硬的质地可以用光滑的线条、平稳运笔的实线来表现;松软的质地可以用疏松的线条、轻快运笔的虚线来表现。在运笔中转折带方形表示硬,运笔中转折带圆柔表示软,运笔慢而顿挫表示其稳固,运笔平而均匀则表示其严谨等。

(2)画面中的线条造型不仅在于正确刻画形体的轮廓与交界线,它的美感主要还表现在疏密的对比与线本身的韵律与节奏。作画过程中不能孤立地、局部地组织线条对单个形体的塑造,而应把握住不同形体与形体之间、形体与环境之间的线条组织关系,疏密的节奏变化等均要从整体画面的角度来考虑。

(二)影调法

影调法类似于西画中的素描图,其是通过刻画形象的明暗关系,强调出体积感和空间感的一种画法。依靠钢笔线条排列的疏密来表现明暗变化,不仅能表现物体的空间体积,还能刻画形体的质感、渲染画面的气氛。影调法钢笔画表现应注意:

(1)物体受到光的照射以后,产生五大明暗区域,即受光部、中间色(灰)、明暗交界线、反光、投影,个别质地的形体会产生高光。无论形体的造型多么复杂,这五个层次的排列秩序不会随形体的不同而发生变化。画面的明暗关系就是指的黑、白、灰的构成。

(2)通过仔细观察,了解被表现对象的形体结构与明暗表现规律后,再进行钢笔画的绘制,绘制过程中应当作到重点突出、层次分明。当确定画面重点后,首先是要使其突出重点的轮廓线能够明确与肯定;其次是加强它的明暗对比,也就是该亮的部分尽量提亮,该暗的地方应该更暗;再就是重点的部分要画得实一些,其余的部分要处理得虚一些,只有明暗层次处理得合理,才能取得理想的效果。

(三)简笔法

顾名思义,简笔法就是用简笔、造型概括,以强调物体和空间环境的基本特征为绘制要素,大多用于方案快速表现和创意草图的绘制。简笔法主要应用于方案创意阶段草图的绘制,在乎的是物体与空间形的特征体现。如图4-6所示。

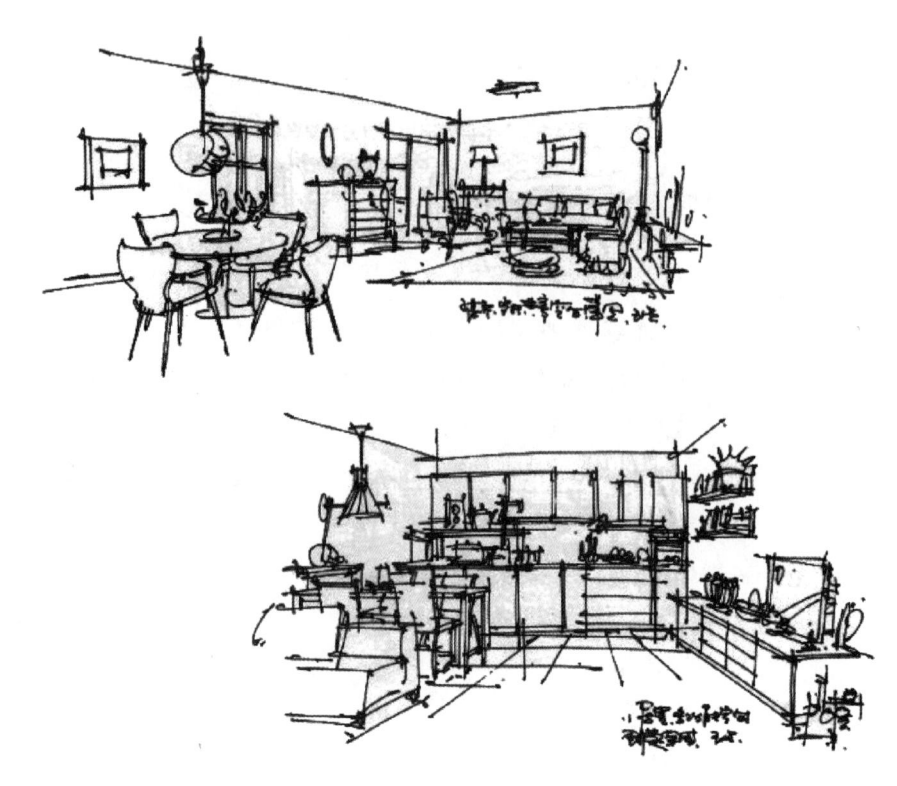

图 4-6　简笔法

二、钢笔画构图原则与构图形式

(一)钢笔画的构图原则

(1)空间使用合理。物体在画面所占的位置、大小应合适，太大则拥挤、太小则空旷。

(2)选择合理的物像位置。物像过于集中显得呆板，过于分散则显得零乱，过于偏向两侧则主体不突出，应在前面留出一定空间，主要物像略偏左或右，两界面形式有所变化。

(3)正确选择视线位置。视线位置选择过高，地面陈设复杂变化而难以处理；过低，则会削弱室内氛围，缺乏人性关怀。所以，一般在人的视点略偏下即可。

(4)室内家具等陈设品的大小、形状、位置，在画面的平衡和节奏感处理上具有举足轻重的影响。

(5)合理处理画面黑白对比关系。画面物像的黑白对比关系也对构图造成一定的影响，要合理安排好各部分比例关系。

(二)钢笔画的构图形式

1. 形态构图

形态构图就是通过室内设计表达的室内空间界面的组成元素、家具和陈设的形态、样式等，进行分析、归纳，选择具有代表性的形态特征作为钢笔画装饰效果图的构图类型。

形态构图可分为以下几种形式：

(1)横向构图。横向构图能使人感觉和平、宁静、宽阔。

(2)竖向构图。竖向构图能使人感觉到雄伟、庄严、高大。

(3)斜向构图。斜向构图可以获得向上或向下的运动效果。

(4)曲向构图。曲向构图能表现出优美、柔和的效果。

2. 面积构图

面积构图就是根据室内空间的性格，在设计过程中把室内各个组成元素以面积的大小、比例等进行有机地组合，来突出表现室内设计的主题。

在钢笔画装饰效果图中，面积构图有以下几种形式：

(1)主体家具和陈设与周围界面之间的面积构图。

(2)主体家具和陈设与地面之间的面积构图。

(3)主体家具和陈设与次要家具和陈设之间的面积构图。

3. 视点构图

视点构图就是在装饰表现图中利用视距、视高、视角进行构图的方式，视距可表现室内空间的纵深效果，视高和视角可表现室内效果。视高越低，越能表现室内上部空间的效果；视高越高，越能表现室内各元素的平面位置关系；视点在视平线附近，则更能表现室内各个元素之间的关系。

视平线偏高，重点表现地面；视平线偏低，主要表现天棚；视平线居中，天棚、地面均等，表明室内空间方正。

4. 统筹构图

统筹构图就是精心利用一切视觉造型语言对整体空间进行统筹设计的构图方式。视觉造型语言的形式多种多样，如质与量、光与影、明与暗、冷与暖、点、线、面、黑、白、灰、色彩、空间、笔触、气韵、隐喻、均衡、韵律、粗糙与细腻、平板与生动、静止与运动、虚与实，甚至作画完成之后的装裱等内容，应进行有目的、理性的综合考虑，统筹安排，从而使画面更加完美。

三、钢笔画作画步骤及注意事项

(一)作画步骤

(1)首先明确所画各部分的比例、透视、大体色调关系，用铅笔大致分好块，然后用钢笔直接打轮廓线。

(2)在确定画面构图后，找出明显的两块深色相互连接，兼顾形状、比例、透视，画出深色的位置、形态，接着画面上其他的深色，然后画灰色部分，最后画亮部。

(3)进行细部刻画。在整个画面调整时适当用刀片刮出白线、白点，以起到减弱深色块暗部的作用。图 4-7 为钢笔画完稿图。

图 4-7　钢笔画完稿图

(二)应注意的问题

(1)钢笔画受工具材料的限制，宜作小型画幅，体量过大的景物，以单纯的线、色、明暗恐怕难表达其应有的空间和内容。

(2)钢笔画用纸以质地坚实、纸文细腻、纸面光滑、着色不渗为好，用一般绘图纸即可。

(3)线条要一次铺画，不多作叠线，下笔一气呵成。

第四节　室内家具与陈设表现

一、室内单体绘制方法

室内单体绘制训练是帮助初学者学会从简单的物体入手，由简到繁的物象绘制。从单体练习入手后就造型特征、尺度把握、肌理与材质等方面实训，是模块学习的基础。单体要勤于练习，做到透视准确、线条流畅、光影关系统一。

家具作为室内表现的主要对象，其样式的表现会影响到室内的风格。例如沙发是单体中较难画的家具之一，也可将它看作是从方体到单体家具的过渡，在表现上线条要果断，要表现出沙发的柔软。

步骤一：绘制出单人沙发的线稿，如图4-8所示。

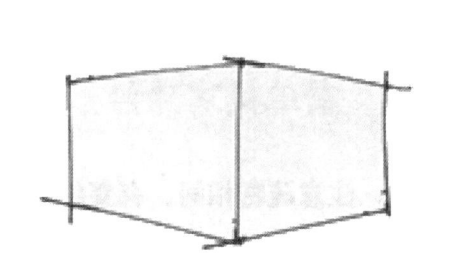

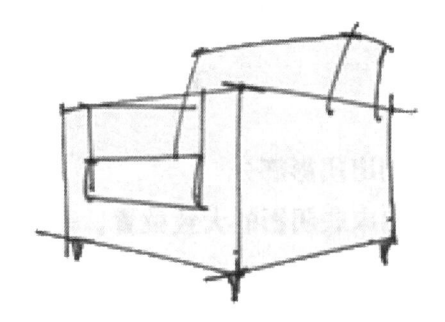

图4-8　单人沙发线稿的绘制步骤

步骤二：绘制出单人沙发阴影部分，如图4-9所示。
步骤三：上基本明暗色调，如图4-10所示。

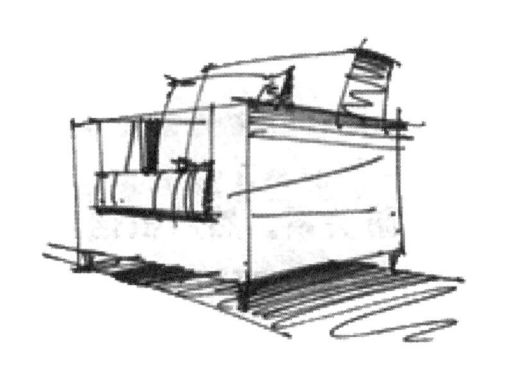

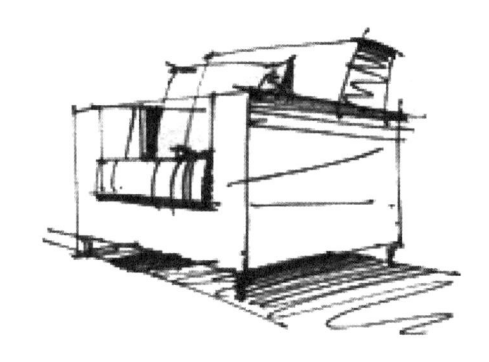

图4-9　单人沙发阴影的绘制　　　　**图4-10　单人沙发的基本明暗色调**

二、室内单体组合绘制方法

单体组合绘制实训是针对多个单体组成情况下，如何处理单体与单体相互之间的主次关系、尺度关系以及透视现象，同时也包含单体组合所演绎的生活情趣。单体组合绘制基本步骤如下：

(1)找准透视，勾勒单体组合的大体外轮廓。确定单体组合的视平线，明确透视属性(如一点透视、两点透视)，勾勒出单体组合的大致外轮廓，以确保组合体间的透视关系是统一的。

(2)从大形入手，细化单体组合的内部结构。从外到内，确定组合体间的遮挡关系，交代前后景关系。前景的东西画得细致，而后景应更虚。

(3)加入素描关系，确定光源，进一步表达质感。确定了光源的位置后，画出单体组合的黑白灰素描关系，阴影部分的排线尽量保持统一，还可补充一些地面或墙面的材质，完善构图，完成刻画。另外，还要注意主体与配景之间的虚实关系。

(4)上基本明暗色调。根据光源的色调(如室内灯光多为暖色调，室外自然光则多为冷色调），用相应的冷（或暖）灰色画出单体组合的黑白灰关系。

(5)加深色彩，完成刻画。画好了整个单体组合的黑白灰关系后，先对主体进行上色，但不要一次上满，再对配饰或配景进行上色，通过两三遍逐步刻画完细部，注意单体间色彩的影响。

家具单体组合绘制重在对家具之间的尺度与透视的把握，依据组合后的主次关系、刻画中的孰重孰轻，一般可划分为三个步骤。

步骤一：以趋于前景单体切入绘制，逐步绘制各单体内、外形轮廓，如图4-11所示。

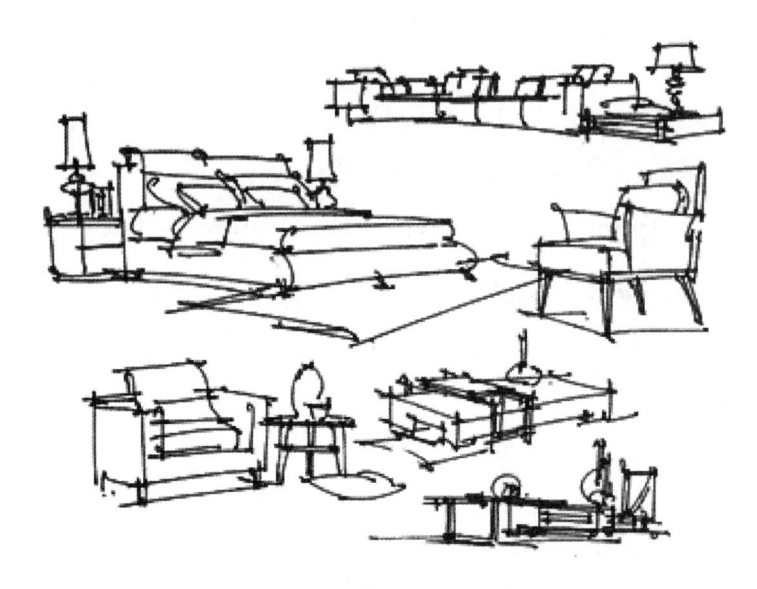

图4-11 家具单体组合绘制步骤（一）

步骤二：进一步刻画各单体的内部构造，同时着重于主题单体的明暗、细节层次刻画，如图4-12所示。

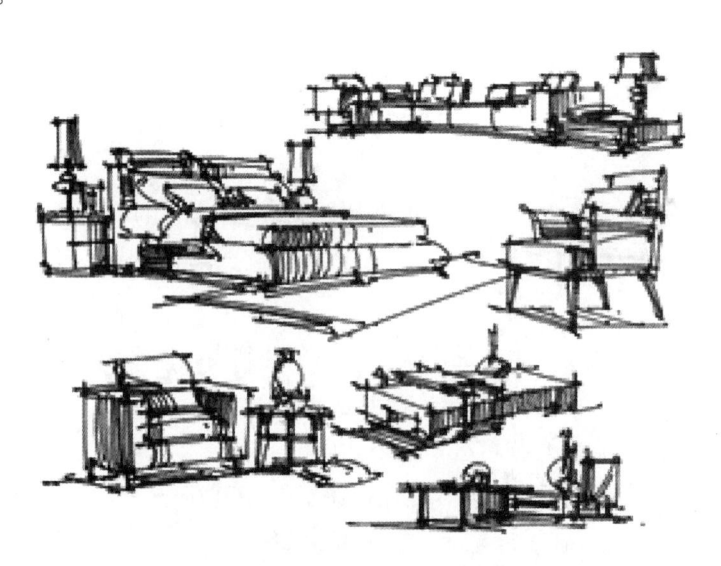

图4-12 家具单体组合绘制步骤（二）

步骤三：从单体组合的整体出发，有所侧重地绘制明暗关系，加强体面对比，如图 4-13 所示。

图 4-13 家具单体组合绘制步骤（三）

三、室内一角绘制方法

室内一角是集中展现室内功能空间特色的局部，其常常以一个或两个界面为背景，依据人的生活、工作、学习、娱乐等活动配置的家具、陈设的艺术品，按照一定的规律和关系进行搭配，布置构筑的室内环境，也可以说是室内空间环境中的特色角落，重在绘制室内装饰表现图的关键能力。

室内一角绘制，因涉及的内容较多，同时也要考虑钢笔绘制的工具特性，在绘制步骤的设计上应遵循以下步骤。

步骤一：选择形体相对完整的前景单体组合家具和陈设品先画，以此作为其他家具、陈设品等的尺度比照对象，如图 4-14 所示。

图 4-14 家具客厅一角绘制步骤（一）

步骤二：以前景单体组合作比照，依次绘制选景家具和界面透视线，形成室内一角图的基本形式，如图4-15所示。

图4-15　家具客厅一角绘制步骤(二)

步骤三：完善界面的陈设品绘制，增加画面气氛，同时整理画面的层次对比和构图平衡，如图4-16所示。

图4-16　家具客厅一角绘制步骤(三)

本章小结

钢笔是常用的表现工具，它包含了美工笔、普通钢笔、针管笔和水性笔等。钢笔表现的优点是快速、高效，同时画面具有线条清晰、层次感强的特点。但由于钢笔不易涂改，因此若要想表现自如、准确、生动，就要做到胸有成竹、一气呵成，故其对基本功要求比较高。

复习思考题

一、填空题

1. 用于绘制钢笔画的笔主要有＿＿＿＿＿、＿＿＿＿＿、＿＿＿＿＿、＿＿＿＿＿、＿＿＿＿＿等。
2. ＿＿＿＿＿一般用羊毛制成，柔软、蓄水量大，选用大、中、小各几支即可。
3. ＿＿＿＿＿和＿＿＿＿＿是构成钢笔画的重要造型语言。
4. ＿＿＿＿＿是指以勾形为主的单线画法，这种画的特点是以简洁、明确的线条勾勒形象的基本结构形态、轮廓，不需繁杂华丽的修饰、烘托，具有清晰、明确的表现特点。
5. ＿＿＿＿＿就是精心利用一切视觉造型语言对整体空间进行统筹设计的构图方式。

二、选择题

1. 钢笔画的表现种类不包括（　　）。
   A. 线描法　　　　B. 影调法　　　　C. 简笔法　　　　D. 色彩法
2. 形态构图的形式不包括（　　）。
   A. 横向构图　　　B. 竖向构图　　　C. 斜向构图　　　D. 以上三项都不正确
3. 关于钢笔作画注意事项，下列说法错误的是（　　）。
   A. 钢笔画受工具材料的限制，宜作小型画幅，体量过大的景物，以单纯的线、色、明暗恐怕难表达其应有的空间和内容
   B. 钢笔画用纸以质地坚实、纸纹细腻、纸面光滑、着色不渗为好，一般绘图纸即可
   C. 线条要一次铺画，不多作叠线，下笔一气呵成
   D. 进行细部刻画，在整个画面调整时不可用刀片刮出白线、白点

三、简答题

1. 钢笔画的用纸选择有哪些要求？
2. 钢笔画的表现特点有哪些？
3. 钢笔画可从简单的直线线条与曲线线条的练习开始，练习中应注意哪些方面？
4. 钢笔画的构图原则是什么？
5. 在钢笔画装饰效果图中，面积构图有哪几种形式？

第五章 淡彩表现技法

学习目标

通过学习本章内容，了解马克笔画的概念、表现特点，彩色铅笔表现技法的特点，水粉画、水彩画特性，喷绘技法的特点；熟悉马克笔工具与材料、彩色铅笔工具、水粉画、水彩画的工具与材料；掌握马克笔表现技法和绘制步骤，彩色铅笔的着色基础技法与绘制步骤，水粉画、水彩画的基本技能与绘制步骤，喷绘表现技法，家具与陈设表现。

能力目标

通过学习本章内容，能在教师指引下正确地使用马克笔、彩色铅笔进行绘制，能运用钢笔的加法表现光影、材质等。

第一节 马克笔表现技法

一、马克笔画

马克笔是从国外引进的一种绘画工具，它不需要传统绘画工具的准备与清理时间，能够以较快的速度，肯定而不含糊地反映出建筑装饰空间形态，是一种值得推广、很有特色的绘制表现图的工具。

马克笔作为一种手绘表现图工具，在设计领域里，越来越为广大设计人员所青睐。近年来，由于业主对设计时间限制和任务量的增加，马克笔绘图工具以色彩丰富、着色简便、风格豪放及成图迅速的特点被广泛应用，特别适宜于设计构思、方案推敲、草图表达、业务交流等工作(参见彩图 19)。

由于马克笔在设计表现中不断成熟，已经被越来越多的设计师们所重视，也逐渐被市场所接受，马克笔的快速表现已成为建筑装饰行业中学生不可缺少的一门重要课程。

二、马克笔表现特点

1. 可增加居室的真实感

装饰表现图的真实感可以让居室的主人把预想变成现实。它可以把设计师的设计思路，通过使用马克笔绘制展现给人们,从而在不同方式的设计方案比较中,显示出优势,提高方案投标的成功率。因此,马克笔在建筑装饰设计中已经广泛地被人们推广和使用(参见彩图20、彩图21)。

2. 作画快捷、色彩丰富、表现力强

马克笔既能画精细的线,也能用排线的方法画较大的画,兼有针管笔和水彩笔的功能。它能迅速干燥,也能进行色彩叠加。它的线条富有流畅性及感染力,能使画面显得轻松、洒脱。

三、工具与材料

1. 马克笔

马克笔,英文的原意为"记号""标记"。马克笔的首次推出并不是从绘画中开始使用的,而是国外个别行业工人在劳动中为了工作方便,画记号时使用,其颜色种类也较少。但是它方便、快捷,很快发展成为一种绘画工具,并在世界各地被普及,形成一种独立的绘画表现形式。马克笔一般分油性和水性两种。

油性马克笔的颜料可用甲苯稀释,有较强的渗透力,尤其适合在描图纸(硫酸纸)上作图;水性马克笔的颜料可溶于水,通常用在较紧密的卡纸或铜版纸上作画。在室内透视图的绘制中,油性马克笔使用得更为普遍。

水性马克笔的特点是色彩鲜亮且笔触界线明晰,和水彩笔结合用又有淡彩的效果;缺点是重叠笔触会造成画面脏乱、洇纸等。油性马克笔的特点是色彩柔和、笔触优雅自然,加之淡化笔的处理,效果很到位;其缺点是难以驾驭,需多画才行。水性马克笔虽然比油性马克笔的色彩饱和度要差,但不同颜色上的叠加效果非常好。

马克笔快速表现技法是一种既清洁又快速的有效表现手段。马克笔在使用时候快干,颜色纯和不腻,由于其笔号多而全,故在使用时候不必频繁调色,因而绘图速度很快。马克笔用得是否出色,很大程度上取决于速写的功底。力度和潇洒是马克笔效果图的魅力所在。

马克笔的色彩种类较多,通常多达上百种,且色彩的分布按照常用的频度,分成几个系列,其中有常用的不同色阶的灰色系列,使用非常方便。它的笔尖一般有粗细多种,还可以根据笔尖的不同角度,画出粗细不同效果的线条来。马克笔以其作画快捷、色彩丰富、表现力强等特点,尤其受到建筑师和室内设计师的青睐。利用马克笔的各种特点,可以创造出多种风格的室内表现图来。如用马克笔在硫酸纸上作图,可以利用颜色在干燥之前有调和的余地,产生出水彩画褪晕的效果;还可以利用硫酸纸半透明的效果,在纸的背面用马克笔作渲染。

2. 纸张

纸张对于马克笔画来讲,是非常重要的材料。马克笔的彩度常常取决于纸的吸水性能,表现效果会随着纸张的不同而发生变化,使用不同的纸张,可表现出不同的艺术效果。比较常用于马克笔表现图的纸张有复印纸、素描纸、水彩纸、卡纸、有色纸、硫酸纸等。

(1)复印纸。复印纸表面细腻，吸色性强，能够体现沉稳的视觉效果，笔触的绘制比较自如，但其呈现的色彩虽然厚重，却缺乏鲜亮程度。

(2)素描纸。素描纸纸面略粗，吸水性能较强，宜表现干湿结合画法。

(3)水彩纸。水彩纸纸张厚实，纹理较粗，吸水性强，是结合水彩、水色画法的理想纸材。

(4)卡纸。卡纸表面光滑，吸水性能差，颜色大多数留在纸面上，容易保持色泽纯度。作品色彩明朗，画面鲜亮，适宜表现干画法。

(5)有色纸。马克笔作画需要选择有色纸时，多采用灰色为宜。作画常以灰色纸为物体固有色的中间色，暗部加深，亮部加粉，容易使画面色彩和谐统一。不足之处是，因纸张本身带色，落笔后常常达不到预想的色彩效果，故会有所偏差。

(6)硫酸纸。硫酸纸具有表面光滑、耐水性能差、沾水会起皱、透明、拷贝容易等特点。色彩可在正反面互涂，以达到特殊效果，完成后需装裱在白纸上。适合采用油性马克笔作画。

3. 直尺

对于初学者来说徒手很难控制线条的粗细与曲直，绘制一些较长的线条时，也会扭曲、无力。使用工具、透明直尺，不但可以使线条均匀、挺直，而且可以对作图起到良好的效果。

4. 遮盖液

遮盖液是作画水彩的辅助工具，呈液状，具有低度的黏性，使用时可将毛笔点蘸遮盖液，涂盖在画面欲遮盖的地方，形成遮挡隔离层。

四、马克笔表现技法

(一)表现技巧

1. 色彩的混合与叠加

马克笔的颜色种类虽然比其他的笔要多，但也难以满足色彩丰富的画面，使用时可将马克笔的颜色进行叠加和混合，以达到更多的色彩效果。因其干得快的原因，马克笔色彩的两色间难以混合，达不到间色、复色等。所以使用马克笔要注意它的自身特点。

马克笔两色的相互混合因其先后顺序及干湿程度不同，产生的效果也随之改变。半湿时的两色彩混合，其混合点较小，仅仅限制在两笔触相连接的点上，所以色彩变化较小。要把握颜色的真实、准确，还需依靠色彩的叠加法。马克笔两色的相互混合主要指色彩的叠加(参见彩图22)。

在色彩叠加中可分为单色重叠、多色重叠、色彩渐变、同色系渐变四种类型。

(1)单色重叠。同色马克笔重复涂绘的次数越多，颜色就越深。但是过多的重复，色彩明度就会降低并且变得灰暗不清(参见彩图23)。

(2)多色重叠。多种颜色相互重叠时可调配出另一种色彩，增加画面的层次感和色彩变化。一般重复2~3种，如果颜色种类重复过多，色彩明度、彩度降低则会导致色彩沉闷呆滞，灰暗。

(3)同色系渐变，对物体明暗进行合理的渲染，能够使主题的表现更具真实感，在渲染中两色交界处可交替重复涂绘，这样能够保证渲染过渡较为均匀(参见彩图24)。

(4)笔触重叠。同样色度的笔触重叠，重叠部分加深。与明度较低的色彩重叠，基本覆盖了原有色。色彩的重叠有一定的变化，多在实践中练习，可以掌握规律。但是马克笔重叠表现不宜次数过多，一般最多三至四遍，如果过多会使画面不明朗。

2. 线条与笔触

一幅优秀的建筑装饰表现图，离不开优美的线条组合与豪放的笔触。马克笔拥有各种粗细不等的笔头，加上用笔的变化，可绘出不同效果的线条。如徒手可以绘出轻松、变化丰富的线条，用工具则可以绘出粗细均匀、挺直的线条(参见彩图25)。笔法的熟练运用及对线条的合理利用与组合安排，将对初学者起到事半功倍的作用。马克笔笔触的排列与组合，是学习马克笔画要面临的首要问题。马克笔常因色彩艳丽、线条生硬而使初学者感到下笔很困难，或下笔后笔触扭曲、不到位，或笔触与笔触之间连接不上，出现尴尬局面。

绘制线条与笔触应注意以下几种表现手法的应用：

(1)笔触粗细、长短相同，适合表现排列整齐的组合。

(2)笔触从粗到细，适合表现从紧到松的组合。

(3)笔触横向排列，适合表现平整的平面。

(4)竖笔触横向排列，适合表现平整的立面、反光、倒影等。

(5)笔触为斜线，以增加笔触变化为主，也可以表现物体的多种形体。

(6)线条的组合要有一定的秩序感，形成一定的程式化。

(二)表现方法

(1)勾勒场景和配景物。用马克笔绘制建筑表现图，通常先用绘图笔(针管笔)勾勒好建筑表现图的主要场景和配景物，然后用马克笔上色。

(2)从局部到整体。在使用马克笔进行表现时，一般先从局部出发，逐渐到整体画面，马克笔的作画步骤与水彩画相近，先浅后深。在阴影或暗部用叠加的办法分出层次及色彩变化。也可以先用一些灰笔画大体阴影关系，然后上色。

(3)运筹帷幄，心中有数，下笔准确。由于马克笔作出的画修改难度较大，所以要求落笔准确、生动，能一次完成的则避免多次完成。要均匀地涂出成片的色块，应快速、均匀地运笔；要画出清晰的边线，可用胶片等物作局部的遮挡；要画出色彩渐变的褪晕效果，可以采用无色的马克笔作褪晕处理；在用马克笔画出的颜色上可以用橡皮擦、刀片刮等方法，作出各种特殊的效果来丰富画面的表现力。需要表现转折或某些高光的时候，要通过仔细地观察审视后再下笔，尽量避免修改。

(4)合理上色。马克笔在表现室内透视图时，可以选择硫酸纸来表现，将室内透视轮廓用针管笔描出，然后根据画面需要，在纸面上进行上色，需要灰暗一些的色通常可在纸背上色，宜表现远景或中景。

(三)表现技法中常见问题

(1)用色超过物像限制边界线，会给人形体表达不准确的感觉。

(2)不同颜色马克笔反复涂刷，会使色彩灰暗和浑浊。

(3)用色太多造成色调不统一，显得画面杂乱无章。

(4)画面上马克笔触涂得太满，会造成画面不透气或死板。

(5)各场景的物像表达一致，缺乏韵律与生气。

五、马克笔技法的绘制步骤

(一)室内装饰表现图绘制

室内居室装饰表现是对室内空间的规划与开发，强调不同空间的使用功能，合理地设计室内墙面、地面、屋顶的做法，并对家具、电器设备、织物、日用品、灯饰等进行有机安排，在装饰设计质量要求的基础上防止装饰材料的选用不恰当造成室内环境污染，在室内色彩的使用上做到色调和谐统一。室内装饰图的绘制步骤如下。

1. 描线定位，力求准确

(1)确定设计构思和创意后，以徒手绘制为主，细致、快速地表现出大体结构。

(2)勾线描绘前，要确定哪一部分为重点表现，同时把物体的受光、暗部、质感表现出来。

2. 配景小品的点缀

刻画完主要部位后，再绘制次要部位，把配景及小饰品点缀到位，调整画面的线、面，以便打破生硬感。这个过程中，物体的透视和比例是关键。应注意明暗刻画，以增强立体感。

3. 绘制基本色彩

绘制基本色彩，应从各装饰界面、家具较浅处开始绘制。不要将某一局部画得过深，如木质家具的受光部分、墙面的受光部分、地面、桌面等主要界面要保存明亮度。如果已经具有马克笔绘图的能力则可以从较深的界面画起，只要心中有数，能够控制色彩的深浅程度，先从哪一部分绘制都可以。须注意绘制浅界面时不要过深，过深会影响以后画面整体调整。

4. 整体铺开润色

整体铺开润色，灵活用笔，必要部位可借助彩铅，对整个画面的协调都起到一定作用，包括远景和特殊部位刻画。润色应由浅入深，先用试笔纸试一试再在正式图上绘制，否则画重了不容易改正。其他部分也要画上一部分，使色彩在图面中有对比，形成色彩关系，也便于掌握色彩的准确程度。涂满基本色，为后期调整做准备。

5. 画面调整，修正细节

调整画面平衡度和疏密关系，注意物体色彩变化，把环境色彩考虑进去，进一步加强因着色而模糊的结构线，提亮物体高光点和光源发光点，调整阶段以暖色调为主进行小面积的改动。彩图26为某客厅马克笔绘制完成稿。

(二)室外装饰表现图绘制

1. 绘制透视图画稿

绘制透视图画稿，注意透视关系，各部分的比例要准确，待检查无误后再上色。

2. 涂色

使用相应的颜色对建筑外墙从上向下涂色作为底色，上面深下面浅。地面涂灰色，留有空白。树木阴影涂草绿色和蓝色，同样树尖要留有空白，涂以浅绿。其他部分分别涂少量的色彩。

3. 绘制配景

绘制配景，树木不断加深，使其色彩更加丰富。人物、汽车等使用暖色，增加色彩的对比效果。

4. 画面调整

调整画面色彩，对配景、墙体色彩进一步加深。用浅灰色对局部色彩进行统一调整。彩图27为调整后的室外效果图完成稿。

(三)马克笔草图绘制

1. 画室内构造形式

用轻、快的线条，从室内构造形式画起，注意比例、尺度、透视类型及准确性。

2. 绘制界面装饰

绘制家具及陈设、界面装饰，先用垂线或明暗表现趣味点，强化空间感。

3. 绘制画面的大体明暗变化

利用灰色马克笔绘制画面的大体明暗变化层次和空间感受。

4. 物体上色

将家具或主要物体上色，应强调概念性和装饰性。彩图28为草图绘制完成稿。

马克笔草图绘制应注意：

(1)放手草绘线条。对于初学者而言，可学会先用轻、浅一点的线条(或铅笔线条)勾画，便于调整和修改，在比例关系、透视关系、主体和细部都基本准确无误的情况下，再用重笔或钢笔把关键的线强调出来。

(2)适当配以光影。适当绘制光影的作用是强化形体的三维效果。

(3)重在大体效果。草图也有不同的层次，有的是快速抓感觉和记录大的想法；有的则是用来对主题思想和形体关系进行深入推敲的。如果在这个草图阶段推敲得比较深入、细致，那下一阶段设计工作展开后，遇到的问题就容易解决。

(4)形式多样融合。画面的构图、形式感等方面并不是很重要，重要的是采用什么样的方法把设计灵感记录下来。在绘制过程中，文字说明、符号标注都可运用，因为不同阶段的草图所要完成的工作任务是不一样的。

第二节 彩色铅笔表现技法

一、彩色铅笔表现技法特点

彩色铅笔表现是室内表现图常用技法之一。常见的彩色铅笔表现图所施的色彩相对单纯，具有一定的透明性，注重画面大的色彩倾向；渲染内容以画面趣味中心区的陈设内容为主；大多忽略一般性界面的表现，而把重心放在视觉关注的界面上；对画面关键性的区域、陈设品表现时用色应明快、艳丽，其色彩起到调节气氛的作用，参见彩图29。

二、彩色铅笔工具

(一)彩色铅笔分类

彩色铅笔分为两种，一种是可溶性彩色铅笔(可溶于水)，另一种是不溶性彩色铅笔(不能溶于水)。

不溶性彩色铅笔可分为干性和油性，我们在市面上买的一般都是不溶性彩色铅笔。

水溶性彩色铅笔是近些年较流行的新型绘画工具，使用干画法时，效果和彩色铅笔相同，加水溶解会出现水彩画的效果，因此它是彩色铅笔与水彩笔两者兼备的特殊工具。使用水溶性彩色铅笔一般采用干湿结合的画法。先用水溶性彩色铅笔画出颜色，再用毛笔沾水加以晕染，使画面出现干湿相融的丰富效果，参见彩图30。用水溶性彩色铅笔画图，最好选用水粉纸或素描纸等纸面颗粒适中的纸，毛笔选择国画白云笔或水彩笔。

水溶性彩色铅笔遇水后可晕化，产生水彩效果，如果用于水彩、水粉画的辅助工具，可相得益彰，但这种铅笔多为进口，价值昂贵。

(二)彩色铅笔使用应注意的问题

(1)彩色铅笔的笔芯是由含色素的染料固定成笔芯形状的蜡质接着剂(媒介物)做成，媒介物含量越高，笔芯就越硬。制图时用硬质彩色铅笔，笔芯即使削长、削尖也不易断；软质铅笔如果削得太长则有断芯的危险。

(2)淡色的笔芯较硬，深色或鲜艳色的较软，这是因为笔中媒介物含量的关系，如接近白色的粉红色就比鲜艳的粉红色的笔芯硬得多。

(3)彩色铅笔与水彩或油彩相比较，极受素材及混色变化的限制。因此，彩色铅笔的笔触便成为制造素材的重要条件，而笔芯的削法则影响到其笔触，所以选择笔芯的削法便很重要。削铅笔机虽然能削得又快又好，但画出来的线条过于统一，缺乏变化；用刀子削则可作出不同的变化。

(三)应用彩铅笔时应掌握的要点

(1)在绘制图纸时,可根据实际的情况改变彩铅的力度,以便使它的色彩明度和纯度发生变化,带出一些渐变的效果,形成多层次的表现。

(2)由于彩色铅笔有可覆盖性,所以在控制色调时,可用单色(冷色调一般用蓝颜色,暖色调一般用黄颜色)先笼统地罩一遍,然后逐层上色,再细致刻画。

(3)选用纸张也会影响画面的风格,在较粗糙的纸张上用彩铅会有一种粗犷豪爽的感觉,而用细滑的纸则会产生一种细腻柔和之美。

三、彩色铅笔着色基础技法

彩色铅笔可以勾线或平涂,常用的方法主要以平涂为主,结合少量的线条。它的使用方法和铅笔素描基本相似,不同的是它以颜色来表现画面。使用彩色铅笔,大多是在钢笔或铅笔等工具勾线的基础上平涂上色的,与其他工具的结合能表现理想的效果。

彩色铅笔画的风格有两种:一种突出线条的特点,它类似于钢笔画法,通过线条的组合来表现色彩层次,其笔尖的粗细、用力的轻重、线条的曲直、间距的疏密等因素的变化,可带给画面不同的韵味;另一种是通过色块表现形象,线条关系不明显,相互融合成一体。彩色铅笔画时不易涂改,因此落笔要做到心中有数、精心安排。选择纸面较粗糙的纸张为宜,太过光滑的纸面,用笔会打滑。使用素描纸、水粉纸和复印纸等均可。

四、彩色铅笔作画步骤与注意事项

(一)表现步骤

彩色铅笔画的作画步骤和其他的绘画基本是一样的,即构图、铅笔草稿、上色,不同的只是上色的过程而已。主要体现在调色和笔触处理这两个方面。

彩色铅笔的调色和用颜料作画是很不一样的。彩色铅笔的颜色都是固定的,不能改变,只能根据画面的需要不停地更换铅笔的颜色,通过不同颜色的穿插,在视觉上产生混色的效果。特别要注意的是,在这个过程中,一定要对画面的色彩有一个统筹的考虑,不然会出现色彩杂乱的弊病。另外,也可以通过用力的轻重来控制颜色,比如受光的亮部就可以画得轻一点,背光面就可以画得用力点。把这两种方法结合起来用就可以产生灵活多变的层次感。

彩色铅笔画的最大特点就是笔触具有极强的表现力,有种朴实温暖的感觉。制造和控制笔触是门很大的学问。在作画的时候应使用笔的线条有一个统一的排列方式,比如都是直线、都是斜线,或者是按照某个方向变化性的排列。在处理不同的地方的时候可以根据物体的质感选择不同的笔触。但是切记,在同一张画上不能出现太多不同的笔触,否则将是乱七八糟的感觉。

(二)彩色铅笔表现技巧

用单一彩色铅笔平涂表现物体缺乏韵律和情趣，学会运用彩色铅笔进行色彩混合来表现物体，可以获得丰富的画面效果。通过以下几种方法可使表现的物体更加动人。

(1)改变明度。在改变彩色铅笔的用笔压力上进行调整，可体会到画纸所呈现的本色的变化现象，所涂在纸上的颜色也就有亮或暗的区别；利用彩色铅笔中的黑色或白色在其他颜色上面进行覆盖可达到降低或提高色彩明度的效果。

(2)降低纯度。只要在一种颜色上面涂以任何一种其他颜色，都会降低其纯度。为保证新产生的色泽效果，通常采用中性色覆盖降低、黑色覆盖降低、对比覆盖降低三种方法。

(3)提高纯度。加大用笔压力，上色前用白色铅笔铺衬，用溶剂混合彩色铅笔颜色等均可提高纯度(参见彩图31)。

(4)形成画面的色调。运用彩色铅笔在画面上进行渲染可形成统一的色调。

(三)彩色铅笔室内表现图绘制步骤

(1)绘制透视效果。钢笔绘制室内透视效果，注意物体及环境的黑白对比关系与画面整体氛围效果的处理。

(2)绘制室内施工图。运用彩色铅笔绘制室内主体色调，主要是界面的色彩关系，应从物体色彩和明暗的角度综合考虑。

(3)细部刻画。彩色铅笔与马克笔同步进行刻画细部，并运用马克笔进行整体效果调整或局部加强。彩图32为彩色铅笔室内表现完稿图。

第三节　水粉画、水彩画表现技法

一、水粉画、水彩画特性

(一)水粉画的性能与特点

水粉画是用水调和含胶的粉质颜料制作的色彩画，其与水彩画颜料相比透明性很差，因此，后一种颜料可以覆盖前一种颜料，使用时可以修补。从这一点看水粉画颜料很像油画颜料。由于用水作调和剂稀释颜料会导致颜料稀稠厚重不同，因此便出现了类似水彩画颜料半透明和不透明的用色方法。在国外，水粉画属于水彩画中的一种，被称为不透明水彩。利用水多色薄的画法可以使水粉画具有润泽、明丽、疏朗、流动的特点；同时，由于水粉颜料带有粉质，有极强的覆盖力和一定的厚度，所以又具有油画的厚度感，能产生色彩上浑厚、饱满、强烈、鲜明而又柔润的效果。既可以大面积均匀涂绘，也可以细致入微地进行刻画。画中需提亮的部分及高光是后加的，这点就不像水彩画的高光，都是预先保留出来的。此外，水粉颜料是粉质的，没有任何反光，无论厚画、薄画均不影响画面效果。

水粉画除上述优点之外，也有它的局限性：水粉颜料涂到画面上，湿润时与干透时的效果有明显的差异。湿润时颜色较深，干透时颜色变浅。因此在作画的着色过程中，应适当将颜色调深些，待干后便与实物色彩接近，这样可防止画面变灰。准确控制画面的色彩以及颜色的衔接，是水粉画的一个技术难点。此外，水粉画不宜画得太厚或者太薄，水分要运用恰当。水分太多，画得太薄，色彩容易晦涩；如果水分太少，颜色过分重叠而致使画面过厚，又容易使画面龟裂剥落。因此，一定要把握好水粉画的用水，以厚薄均匀、干湿适度为宜。水粉画底层的色彩会对表层的颜色产生影响，如果不了解其特性，就很难充分发挥水粉画的性能，无法绘制出优秀的水粉画作品。

(二)水彩画的性能与特点

颜料的特性往往决定了该画种的特点，因此，尽管水彩画的特点是诸多因素的综合，但颜料是其中至关重要的因素之一。

水彩画是用水调和的透明、半透明的颜料，通过重叠、衔接、渗化、流动等变化，使画面具有明快、滋润、简洁、流畅等特点。这样的色彩效果，是其他画种所不能比拟的。其中尤以普蓝、柠檬黄、翠绿、玫瑰红等色最为透明。其次是群青、橘黄、朱红等。土红、土黄、煤黑、褐色属于半透明，但若多加水调和，减低其浓度，可达到透明效果。

水彩画中物体的明暗、深浅变化，除了颜色自身的深浅外，作画时所用水分的多少也影响色彩的深浅变化。如果颜料与水调配得当，运用好水分的流动作用，便会有湿润、流畅的效果，因此水分的控制和把握是画好水彩画的关键。水彩画颜料的透明性决定了在使用水色时，要求用概括、简洁的笔法画出层次丰富的色调来。因此，水彩画又有简洁、概括的特点。此外，水彩画的表现力也较强，既可高度概括形象，又可深入刻画形象；既能使画面色彩呈现轻快、活泼的韵律、节奏美感，又能表现各种具体、逼真的自然物象。

同其他画种一样，水彩画也有一定的局限性，如不易反复涂改。因为如果重复过多，就容易失去水彩画轻快、简洁的特点，从而造成画面色彩脏、枯、沉闷而失去透明的特征。

二、水粉画、水彩画的工具与材料

(一)水粉画的工具与材料

1. 水粉画颜料

水粉画颜料是可溶性的粉质颜料，其成分有颜料粉、水、甘油、甲醛、树胶等。

常用的水粉颜料有锡管装和瓶装两种。锡管装颜料是平时作画时最常使用的，外出写生，携带管装颜料较方便。瓶装颜料容量大，容易结块，使用时也容易渗入其他颜色，多适用于室内写生以及大面积涂刷，是较为经济实用的材料。市场上的颜料品种较多，初学者不必全部购齐，选择一部分即可作画。

2. 水粉画用纸

水粉画对纸的要求不像水彩画那样严格，一般只要稍厚一些，纸面稍有一些颗粒、肌理，不要太光滑，吸水性适中就可以。可选用的有水彩纸、绘图纸、铅画纸、白卡纸、白板纸等。初学水粉色彩写生，使用白色画纸最为适宜，这样不会影响色彩的判断力。在掌握了水粉画的性质之后，可以尝试在有颜色的画纸上作画，或者使用自己刷过底色的纸张，依据自己的画面追求而有所选择。此外，水粉画也可以画在生宣纸或高丽纸上，结合中国画的技法，这也是一种良好的表现方式。这一方法适合某些特定题材，可以更好地加强艺术表现力。短期的小稿习作时，可以用图钉、夹子或者胶带固定在画板上。但如果进行长期习作或创作时，需要事先把画纸裱在画板上，以确保在作画的全过程中画纸始终平整，有利于提高作画效率。

3. 水粉画笔

水粉画笔可选用有弹性并且蓄水量大、软硬适中的专业水粉画笔。现在市场上流行的专用水粉画笔大致有三种：羊毫、狼毫和尼龙笔。羊毫笔含水量较大，蘸色较多，优点是一笔涂出的颜色面积较大，缺点是由于含水量太大，画出的笔触容易浑浊，不太适合于细节刻画。狼毫笔的特点是笔锋挺直、有弹性，但含水量较少，适合于局部细节的刻画。质地优良的尼龙笔介于羊毫和狼毫之间，其软硬适中。在选择尼龙笔的时候，要特别注意它的质地，要软且有弹性，切忌笔锋过硬。若笔锋过硬，笔往往很难蘸上颜料，在画面上容易拖起下面的颜色，使覆盖力大为降低。

在选择笔的形状时，可以不同的种类各选择一些，如扁头、尖头等，在局部精细刻画或者勾线时还应准备大中号白云笔及叶筋笔，以备不同场合、不同题材的作画之需。画笔必须妥善保存，画完后洗净、擦干，使笔毛收紧，切忌浸在水中或任意乱丢。如笔头已经干硬结块，只需在水中浸泡数分钟即可。

4. 水

水是水粉画的主要媒介。水粉画的特性是在水的作用下才得以充分发挥的。为了使调出的颜色纯净、色相准确，作画所用的水应保持干净。

5. 调色盒

调色盒是装颜料的水粉画专用器皿。市场上出售的一种大的塑料调色盒较为理想，盒内色格容量大，能存较多的颜色且不易干，在盒盖内可直接调色。每次使用后，都要把盒盖洗刷干净，用画笔去除格内颜色表面的脏色，并且在每格内保持一点水分，使盒内达到一定的湿度，并盖紧盒盖，以便下次使用。

(二)水彩画的工具与材料

1. 水彩画纸

水彩画对纸的要求较高，有专用水彩画纸。一般选用的水彩纸要求纸质结实、坚韧，不宜太薄；吸水性、存水性适中；纸色白、纸面有纹理(纸纹粗细有不同的效果，可供选择使用)。纸面不宜太光，因纸面光滑会导致颜色不易吸附，不利叠加，不利于浑厚形象的塑造。画纸需有一定的厚度，并以坚实、耐擦耐洗、不易起毛为宜。水彩纸大致可分为机制水彩纸和手工水彩纸。机制水彩纸由于批量生产，故价格便宜，而手工制纸质地优良，价格较贵。用纸的选择也是因人而异，实践中可以随个人喜好而采用不同种类的纸张。只有在作画实践中，在逐渐熟悉的基础上才能掌握纸的性能，并充分发挥其特性，从而取得理想的艺术效果。由于纸质性能不太稳定，一般都要裱在画板上，这样才可以保证作画时画纸不变形。

2. 水彩画笔

专用的水彩画笔大致有圆形笔、扁形笔、尖形笔等几种。圆形笔多数用熊鬃和狼毫制成，富有弹性，含水量大，初学者只要有大中小三支笔就够用了。扁形笔多用羊毫制成，毛质柔软、含水量大、笔锋为平头，宜作大面积渲染之用，适于塑造各种块面，笔触清晰，概括性强，侧锋变化较大，可画出各种块面和线条。除此之外，中国画中常用的白云笔也是理想的表现工具。白云笔用羊毫制成，分大、中、小三个型号，大白云可画大面积画面，如天空、地面等，中小白云多用作画面的细部刻画。白云笔笔锋较软、弹性较差，但含水量大，笔触形状较多。当然，如果是对水彩画性能及技法掌握较熟悉者，在用笔的选择上可以更加自由，如油画笔、尼龙笔、底纹笔等均可使用，也会有很好的效果。在作画时可用大笔作小画，但不可用小笔作大画，因为大笔作画可以很好地对画面进行概括，但是小笔作大画却容易出现画面琐碎之感。

保护好画笔是为了保证绘画的成功。用过的水彩画笔应彻底清洗干净，不留颜色，以防下次作画时影响调色的准确性。洗净的画笔还应将水挤净，理顺笔锋，这样可以防止笔头脱胶和笔锋的卷曲。切勿将不用的水彩画笔插在水罐里，否则久而久之会造成笔锋弯曲，不利作画。画笔使用时间过长脱胶是正常现象，可以用质地较好的胶再粘接一下。

3. 水彩颜料

水彩颜料有锡管状与干块状两种。干块颜料便于外出作小幅速写，作大幅画作则以锡管颜料为宜。用锡管装的颜料使用较方便，但应注意选择色相准、质量好的颜料。色相越多，对丰富画面色彩、保持色彩的纯度越有利。

水彩颜料的原料主要是从植物、矿物等各种物质中提取制成的，当然也有化学合成的。颜料中含有胶质和甘油，能附着画面，使画面具有滋润感。植物色和矿物色的共同点是在用水稀释后普遍具有透明性，在厚涂时，大多呈现半透明性或不透明的状态，如果颜料中加入白粉，就会不透明。其中赭石、生褐、熟褐、土红、粉绿等色都属于透明性较差的颜料，因为它们大多属于矿物颜料，当它们与其他颜料混合后往往会出现不同程度的沉淀。玫瑰红、紫罗兰是属于透明性较强的颜料，而且附着力很强，不易涂改和冲洗。各种不同品牌的颜料也有差别，作画者应在绘画中留意它们的不同，然后选择适合自己习惯的颜料。新买回的颜料开启之前，应先研究各种颜料的排列顺序。颜料在调色盒内存放的位置，应按色彩冷暖和明度分类，不要将明度和冷暖相距大的颜料放在一起。颜料的排列顺序一般有三种方法可选择，一种是以冷暖顺序排列，一种是以明暗顺序排列，还有一种是以习惯顺序排列。在调色盒中的颜料若平日不用，用喷壶喷点清水，再用一块湿布覆盖后再盖上颜料盒的盖子，这样可以保持颜料的湿度以便随时使用，因为颜料一旦干枯易出现沉淀，则不能继续使用。

4. 水壶

室外写生最好随身带水壶，这样既可节省时间，又不致因选好对象后还须四处找水，而影响画兴。如无专用水彩写生水壶，可用其他塑料瓶代替。

5. 画夹、画箱或画袋

室外写生必须用画夹或画箱，比较轻便，也可用结实的布做成画袋，内装画板、画具，大小以能装四开纸为宜。

6. 调色盒

调色盒是专门存放颜料的，一般以盒型稍大、色格较深为宜。调色盒有塑料与搪瓷两种，塑料的较好，既轻便又不会生锈；调色盒必须要有盖，没盖的调色盘颜料易干。每次用完之后，应认真清洗调色盒，这样可以保持颜料的纯度，利于将来作画。其他如铅笔、小刀、铁夹、胶带纸、小块海绵（用于洗去需修改部分的颜色）、遮盖液等，可视需要准备。

三、水粉画、水彩画的基本技法

(一)水粉画的基本技法

1. 干画法

干画法是相对于湿画法来讲的。其调色时水分少，颜色饱满，用笔强烈、明快、体积感强（参见彩图33），形象描绘具体、深入，富有绘画的特征，等底色或者前一笔颜色干后才能再接着画，因此有明显的笔触。干画法以厚涂为主，在表现物体体面结构上，每一笔或几笔就是一个面，然后便是一笔接一笔地塑造出整个物体的体面结构。干画法适于表现明暗对比强烈、质地坚实、转折肯定、厚重结实的物体，其画法和效果酷似油画。如果要进行长期习作或深入、细致的刻画，都可以运用干画法，但要注意，运用不当就易犯干枯刻板的毛病。

2. 湿画法

湿画法的效果与水彩画相似，调色时用水较多，颜色稀薄，有一定的透明度。画面滋润柔和，形体与色彩可以结合得较含蓄自然。湿画法以薄为主，需要厚涂时趁前一笔未干，接上后一笔。湿画法颜色的渗透明显，色块与色块之间融合在一起，笔触不明确，衔接柔和，适合表现光滑细腻的物体，例如空中的云彩、雾气以及远景物体等；另外，在画物体暗部及反光时，也适合使用。湿画法关键在于颜料、笔头中水需适量以及接笔时机的掌握。

3. 干湿结合法

干湿结合的画法是指在水粉画创作过程中充分利用粉的可覆盖性以及水的作用的一种画法。干湿结合的画法在步骤上要有层次感，许多优秀作品中的微妙变化，都是在第一层的水分中保留下来的。干湿结合画法要求具有扎实的素描能力，以及需随时随地观察对象，进而更有效地概括对象。

4. 平涂法

平涂法适用于画面需要一些均匀的平涂和晕色效果时，特别是在一些装饰性画面上常常使用。平涂时要注意把颜色调均匀，稀稠适宜，最好用羊毫扁笔，有次序地一笔一笔刷上去。如果不均匀则可以改变用笔方向，再刷一遍。

(二)水彩画的基本技法

1. 干画法

在水彩画的多种技法中，干画法是最基本的、最重要的方法之一。干画法又叫作重叠法，或者叫逐层加色法；是指在前一层颜色干后再涂上第二层，这样层层加深的多层画法。由于色彩的多次重叠，可产生明确的笔触趣味，所以，这种方法很适于表现形体明确、色彩清晰、体面转折明确的物体。其优点是在时间的控制上可以按部就班地随自己的意向进行，因它可以较为从容地分析色彩，表现色彩与形体的准确性，易于把握整体和深入刻画对象，对掌握湿画技法也能起一定的基础作用，故而它是比较适合初学者学习的技法(参见彩图34)。但是，重叠法又有它的不足之处，如它易流于碎裂、呆板和灰脏，不易表现潇洒、流畅的主题，且易受到对象的牵制等。

干画法的步骤与方法大致如下：

首先，用铅笔(HB)勾稿，轮廓线务求简练，抓住大体的形状和结构，尽可能少用橡皮或不用橡皮，以免擦伤纸张。

其次，着色时应从上至下，从左至右，从远至近，从淡到浓，循序渐进，层层添加。但叠色遍数不能太多，一般以三遍色为宜，有的部分两遍色，有的部分一遍色也可以。这样画出来的色彩层次比较丰富且微妙。干画法一般要求水色充沛饱满，即调好颜色后，笔端膨胀丰满，但要注意如果提笔稍慢，笔尖便会滴落水色。

最后，运笔应从整体到局部，从大块面到小块面，运笔干净利落，不宜在底色上再三涂抹改动，以免色泽浑浊而污染画面。

2. 湿画法

湿画法也是水彩画最基本的手法之一。湿画法是趁第一遍水色未干时，较快、反复地添加另一色，使两遍色之间相互渗化。湿画法适合表现体面转折不明显、饱满圆润的物体和虚无缥缈的气氛，具有含蓄和朦胧的感觉。湿画的方法大致有两种表现方式：一种是把画面全部打湿，用干净的排笔均匀而快速地刷一遍清水；或者把水彩纸完全浸透在水中，稍后把纸平铺钉在画板上，这两种方法皆可行。待纸面上的水分稍干后，接着即可在打湿的画面作画(参见彩图35)。这种方法要求用色要浓厚，才能保持色彩的饱和程度。第二种是不打湿的湿画法，即在前遍着色未干时再重叠其他色，或打湿已干的画面再着色。第二遍色要减少水分，水少色多易控制流动，便于保持一定的形体。

水彩基本技法，离不开时间、水分、色彩三个要素，而湿画法尤需注意这三者的运用和配合。在水分的控制上，大致可以概括为远处水多，近处水少；淡色水多，浓色水少；第一遍水多，第二遍相对少些；大块面的水多，小面积的水少。

3. 平涂法

平涂法是水彩渲染的基本技法之一。一般用于表现受光均匀的平面，较深的墙面、暗面及大片天空的渲染。技法一般用水把颜色调好，用水彩笔或毛笔蘸颜料在略有斜度的图板裱好的图纸上，由左向右，由上而下均匀用笔涂色。要求用笔准确、快速，运笔无接缝，按此程序干一遍涂一遍，层层叠加，直到平涂成符合要求的深度为止。

4. 褪晕法

褪晕法是通过渲染，使色彩产生从深到浅，从明到暗的方法。其技法类似于平涂法的程序，先调好深浅不同的几个颜色，首先平涂一笔颜色后，趁其湿润，在其下方加水或加色使其逐渐变浅或加深，形成同一色相逐渐加深或减淡的褪晕效果。也可以作不同色相的冷暖褪晕效果。经过反复、多次渲染，最后达到预期的由浅渐深、由冷渐暖的均匀过渡，柔和渐变的褪晕最佳效果。

褪晕法严谨、工整、准确，能深入刻画结构和细部，能产生层次分明、色彩朴实的画面效果。关键在于耐心、细心，严格按照渲染程序控制，一遍遍精心渲染，必须等第一遍完全干透再进行第二次渲染，但不宜重复遍数太多，以三次左右为宜，方能取得最佳画面效果。

5. 叠加法

叠加法是在平涂法与褪晕法的技法基础上增加画意，以取得特殊效果的一种技法。叠加法要求用笔干脆利落，融洽分明，特别有利于塑造坚硬物体的质感。或者使用不同色相的颜色，在第一遍颜色干透后，再叠加另一颜色，发挥水彩颜色的透明性，使两色叠加，产生不同的色相变化或冷暖变化。例如，在绿底色上，再叠加一遍或局部叠加蓝色，使其整体或者局部变为蓝绿。利用叠加法可以增加水彩渲染图的色彩变化，丰富画面效果。

四、水粉画、水彩画绘制方法与步骤

(一) 水粉画表现步骤与常见问题

1. 表现步骤

(1) 作透视图。在裱好的图纸上，用铅笔按透视规律准确完成透视图。要求透视准确、形体结构表现完整，并画出小色稿。

(2) 涂基色。在画好的透视稿上，平涂一层基色。基色根据色稿选冷色、暖色或中性色，用水粉湿画法平涂，或用水粉先厚涂一层底色，再画轮廓线，用笔要干净利索，可预留高光、亮处或特殊笔触，以增加画意。

(3) 画出天棚、墙面等形体。用调好的色彩画出天棚、墙面、门、窗套等形体、色调、明暗关系和褪晕效果，先画基层，再画面层；先画次要的，再画主要的；先画远景，再画近景，按物体远近和叠放的关系，从里向外逐步刻画。

(4) 具体刻画。进一步深入细部刻画关系，并作出配景、灯具、人物、花草的刻画处理。布局要恰当，光源要统一，要增加光感效果。从总体上做调整、统一工作，以求整体协调的画面效果。

2. 常见问题

(1) 灰。造成灰的主要原因是画面的黑白对比和纯度对比不足。黑白对比不足主要是指

色彩明暗上的问题,也就是画面该暗的地方不暗,该亮的地方不亮,黑白灰层次不明确,没拉开距离;色彩上纯度对比不足是指画面该饱和的色彩纯度不够,鲜灰对比不够强烈,因此会产生灰和闷的现象。

(2)粉。造成画面粉气的原因主要是由于在进行色彩写生时滥用白色颜料。画面中暗部的色彩调入了过量的白色,暗度不足,层次不明,画面就会变粉。此外,一些像粉绿、湖蓝等明度较高颜色的过度使用也会造成粉的现象。避免这种问题的关键是要把握好画面色彩的明度和纯度的对比关系,适量使用白与粉。对于初学色彩的人来说,往往由于对色彩关系的认识和观察不准确,一味追求色彩的素描关系,因而大量使用白色颜料去表现明暗关系。

(3)生。色彩的"生"是画面中常见的问题之一,这主要是由于对色彩关系的认识不足或观察方法不正确。色彩的表现是一种相互关系的表现,表现的对象与其所处的色彩环境是互相影响的。但是初学者往往忽略这一点,只是孤立地观察物体,局限于对物体固有色的描绘上,从而导致各个固有色之间互相为敌、毫无联系,最终的结果便是用色过纯。当然,只要经过一段时间的写生训练与观察,这一问题便会逐渐得到改善。因此,养成整体观察的习惯,正确把握色块间的纯度关系和环境色的相互影响,是克服色彩"生"的问题的有效方法。

(4)花。花的问题也是由观察方法不正确引起的,其主要是由于不能够整体地观察和把握画面的主色调以及大的色彩关系、明暗关系和主次关系,而陷入局部色彩的观察和描绘或过分强调物体之间的环境色的影响,而且主次不分、缺少统一画面的主色调,色彩对比强烈的部分和高纯度色块的分布缺少排序和组织,从而导致画面颜色杂乱无章。

要避免此类问题,同样需要把握好整体画面的色彩关系,不要忽略色彩之间的联系,画面上最亮、最暗及纯度最高、对比最强的色块要安排好主次关系。比如深入刻画的部分都要安排在主要的部位。只有全面地组织画面,才是克服琐碎最有效的方法。

(5)脏。脏的问题可以说是由以上问题的综合所造成的,主要涉及的是色彩对比与统一的问题,色彩与色彩的协调是一个既对比又调和的关系。色彩搭配不协调、冷暖关系不对,或者把色感较差及无色感的色彩搭配在一起,纯度较高的色块表现不足,鲜明的色块画成灰色,该冷的颜色画成暖色,冷暖两大系统含糊不清,把该画亮的色块画成灰色,该灰色块的地方画成黑色块,该重的色彩画得不够黑,这些都会使画面变脏。还有一种情况是由于色彩观察与判断不准确而导致调色不准,经过反复调色使调配的色彩种类过多或滥用黑色等,致使色彩浑浊而变脏,再加上画的时候反复涂改,底层的颜色泛到上层与新画的色彩混到一起,导致画面的色彩变脏。这些都不是主要问题,最重要的还是色彩关系要处理正确,特别是每一块颜色与它周围色块的关系要把握得当,这样即使自身是无色感的色块,只要是在适当的色彩环境下,都会体现出色感及美感来。

(二)水彩画表现步骤与技巧

1. 表现步骤

(1)起稿构图。写生时不要急于坐下就画。首先应从多角度观察了解对象,根据自己的最佳感受，选好作画的角度与位置，再有目的地进行取舍、安排画面的布局。一张画的构图是至关重要的，也是作画前要首要考虑的因素。

构图时根据建筑物的平面、立面、剖面图求出透视底稿，用铅笔或钢笔拷贝到裱好的水彩纸上。线条要求均匀、流畅、粗细分明，上色前可先在透视底稿的复印件上做色稿练习，多画几幅，确定色彩关系，作为上色时的依据。

(2) 全面铺色。以上步骤只是准备阶段，从这一步开始才进行着色。铺色时采用大号笔先涂大面积的色块（如背景、桌面），然后再涂主要物体的色彩。这是第一遍色，用水要多，根据色稿确定画面的总体色调和各个主要部分的底色，大概分清画面的素描关系和色彩的冷暖关系。可以先用大号笔大面积地涂一层色调（留出某些高光或亮面），待干后再画面积较大的天棚、墙或地面，这样色调较容易统一。

(3) 分层次、拉距离。这一步骤主要是渲染明暗、光影关系。光影做得好，层次拉得开，透视感就会较强。如墙面靠窗户透光的地方亮，离窗户远的地方暗；物体三大面的素描关系层次要分明，冷暖要明确；墙面和阴影要有局部冷暖深浅的对比，从而把前后的距离拉开。

(4) 具体刻画。这个阶段要求具体、充分地表现出对象的形体结构、色调及色彩、空间感和质感等之间的关系。尽可能使画面整体与局部统一，色彩关系和素描关系相统一。但必须注意保留第一步着色时比较正确的部分，不能不假思索地到处再画一遍。在技法的选择上，此阶段一般将干、湿画法相结合，用湿画法描绘物体的转折和阴影等；用干画法刻画形体结构明暗肯定的亮部、实处等。随着作画的深入，用笔要考究，力求把物体的体积、空间、色彩、质感等充分地表现出来。

(5) 统一调整。局部画完之后，就要跳出局部的小圈子，检查整个画面，做适当调整。对画面表现的空间层次、室内家具、材料质感，做进一步细微的描绘。这时渲染要求把物体结构或固有色表现清楚，要做到心中有数、落笔准确，避免反复涂抹或修改。可以用叠加法，使色彩逐渐加深；但层次过多，会使颜色灰暗。如果笔上水分过多，渲染次数多时，会把底色带起或留下水迹。

调整时要远离画面，对照实物，反复比较，看一下空间层次的处理是否合适，物体的前后是否能拉开距离，虚实关系是否得当。针对以上问题可以采取"洗""罩"等方法，使画面更趋和谐，达到完整和统一。

(6) 添配景衬主体。这是最后步骤，作配景可增加画面的效果，又可将配景和主体融为一个环境整体，但不可喧宾夺主。因此，配景的色彩渲染要简洁，形象要简练。

2. 运用水分的技巧

对于水彩画的初学者而言，掌握水分的多少颇为困难，但水分的掌握与熟练使用又是水彩画技法中的关键部分。水分不足，会使画面显得干枯无味；水分太多，会致使画面水满为患。要控制水分在画面上的流渗程度，就必须了解水分与颜料、纸张、气候的关系等。因此，只有综合考虑以下各种因素，因势利导才能很好地掌握水彩水分的运用技巧。

(1) 表现对象。水分的多少主要是根据表现对象的需要而定的。通常表现瓜果蔬菜用水适当加多，以表现对象鲜嫩的水分感，此外刻画粗糙器皿或者静物画中的背景和风景画中的远景也适宜多用水分；反之，如果要表现玻璃器皿、金属制品时用水应减少，以表现坚实的质感。画同样一件物体时，如果天气干燥，水分便要适量增加，在潮湿天气下作画，水分便要适量减少，因此，我们要尽量避免在烈日下画水彩画。用水多到什么程度、少到什么程度，是不可能定出具体标准的，只能在实际的作画过程中去体会。

(2)着色时间。水色的渗化程度是有时间性的。水彩画着色时，要逐遍重叠或深化，叠色或接色太早容易使表现对象外形模糊，太晚则容易生硬、刻板，时间要恰如其分，才能得到好的效果。根据表现对象的需要，通常有三种情况：第一种是趁第一遍颜色未干时加第二遍色；第二种是在第一遍颜色半干半湿时上第二、三遍色；第三种是等待第一遍色干后才加上第二、三遍色。

(3)画纸性质。作水彩画用的画纸，种类很多，由于画纸的吸水程度不同，所以水分的多少要视画纸的吸水性能而定。吸水较快的画纸用水要多，色彩衔接速度要快；反之，用水要适当减少。

(4)气候条件。空气的干湿程度也是水分运用必须考虑的重要因素。在空气潮湿的情况下，由于水分蒸发速度较慢，着色时用水宜少。在干燥的气候条件下水分蒸发很快，需多用水。此外，室内作画水分干得慢，可减少用水量；而室外写生时则要注意增加水分，理想的室外写生时间是在早晨或傍晚，因为此时水分的掌握比较容易。

第四节 喷绘表现图

近年来，随着装饰行业竞争的加剧，装饰效果图的商业化趋势越来越强。喷绘技法以其速度快、表现效果逼真、明暗过渡柔和、色彩变化微妙而深得装饰业及业主的青睐。

喷绘是指用喷笔进行描绘的方法，其原理是利用压缩空气把颜料的颗粒均匀地散布在纸面上，造成一种特殊的画面效果。

喷绘的工具需要有专门的喷笔和空气压缩泵，喷笔使用的颜料主要是选用颗粒细腻的水粉色或水彩色，比较容易掌握。首先是颜色的调制，水分不能多，颜色要调稠些，并要调匀，剔除颗粒杂质，以免堵塞笔头。喷笔使用之前，笔仓内要浸润点儿清水，再把调好的颜色放进去，在废纸上先试喷一下，再正式喷。喷笔与图面距离的大小决定了虚实变化的不同，距离越远越应虚化。再有就是遮挡的技巧问题，方法是把专用的遮挡膜贴在需要遮挡的部位，用刻刀沿图形轻轻滑过，刻透遮挡膜即可。

一、喷绘技法的特点

(1)喷绘技法擅长表现大面积和曲面的自然过渡；擅长表现虚与实的对比；擅长表现表面光滑、反光强烈的材质，如地面及其倒影，玻璃、金属等质感表现。尤其是灯具和光晕的表现是其拿手叫绝之处(参见彩图36、彩图37)。

(2)喷绘绘画工具不直接接触画面，因此可以不断地画出所需表现部分而不用担心画面被污染。不过要注意应恰当地使用色彩，一般情况是先喷出大面积底色如墙和地面，然后再喷绘局部的物体。用喷绘的方法绘制建筑表现图，画面细腻、变化微妙，有独特的表现力和现代感。

二、喷绘表现技法

喷绘手法通常与其他技法结合使用。如利用喷绘微妙的色彩褪晕效果，绘制大面积的背景或局部，然后运用水粉或其他方法描绘景物和细部；再利用喷笔来表现光感、材料质感和空气感，水粉表现图中的灯光效果通常是采用喷绘的方法来完成的（参见彩图38）。

1."覆盖膜"法

"覆盖膜"法是在一种透明的粘胶薄膜（粘胶薄膜能够紧密地吸附在纸面上，而撕下时又不会损伤纸面）上预先刻出各种场景的外形轮廓（通常可用针管笔事先描绘在画幅上），按照作画的先后顺序，依次喷出各部分的形体关系及色彩变化，然后再用笔加以调整。

2. 硬纸板法

硬纸板法是采用硬纸板、各种模板和其他遮挡材料，并利用遮挡距离的变化来形成不同的虚实效果，表达各种场景下的明暗和形体变化。使用模板，留出需喷的画面并不断改变所需喷绘的部分。其工作原理与油漆分版喷色是一样的。

第五节　家具与陈设表现

一、单体表现方法

单体绘制基本原则应遵循光影照射下的色彩明暗规律，利用淡彩工具绘制线条或笔触的韵律，以表现功能空间环境的意趣为宗旨，需按以下原则操作：

(1)勾勒单体轮廓，抓住结构关系。大部分单体都可看作是由长方体、圆柱体、球体等演变而成，因此，可将单体看作是一个几何体来找结构，并画准透视。注意单体长、宽、高的比例关系。初学者可先用铅笔画准结构，再用钢笔(签字笔)瞄线。

(2)从大形入手，细化单体轮廓。在基本结构的基础上，从外到内、由表及里，细化单体轮廓。要注意线条的简练和流程性。

(3)确定光源，加入素描关系，画出阴影。用相对更密的线条加上阴影，注意黑白灰关系，亮面可以留白。

(4)根据光影关系，进一步表达单体的材质特征。强调细节的表现，运笔要跟着形体走，找准材质的特点，但忌铺满整面，如雕刻、藤制品，只需小面积的表现材质即可，否则会显得很死板，失了单体的"灵气"。

(5)上基本明暗色调。根据单体的冷暖关系，用马克笔（或水彩、彩铅等）淡淡地画出明暗关系。

(6)找准色相，加深色彩，进一步刻画。找准单体的色相，用整体的色调概念上色；笔触的走向应统一，注意笔触间的排列，不要凌乱，也不要上得过满；注意颜色间的过渡，可适当留白。

单体综合技法绘制步骤如下。

步骤一：钢笔造型，线条简练，以外形轮廓和结构特征作为绘制依据，如图 5-1 所示。

步骤二：彩色铅笔绘制基本色彩层次，注重光影规律形成的明暗层次，参见彩图 39。

步骤三：运用马克笔笔触渲染层次。运笔技巧节奏、轻重，以形施笔，参见彩图 40。

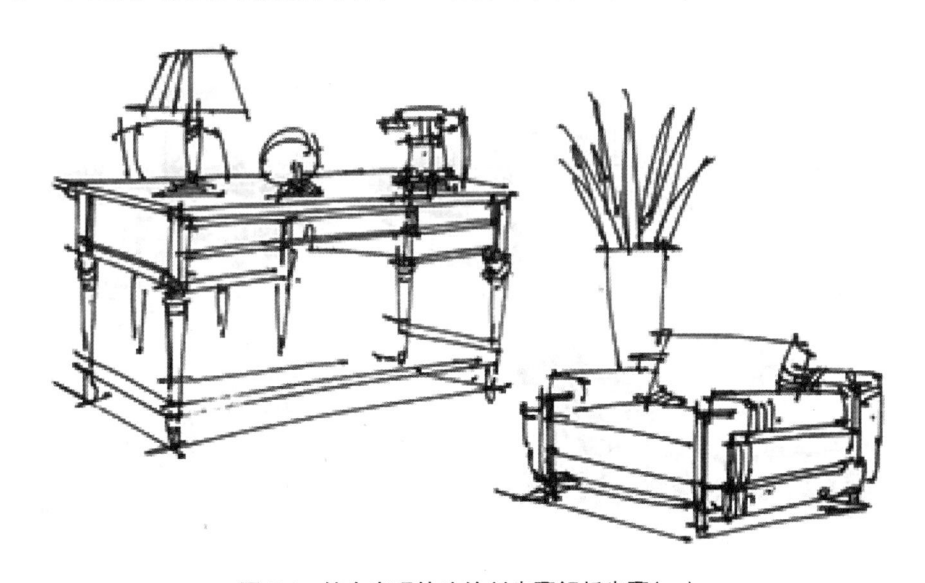

图 5-1　综合表现技法绘制步骤解析步骤（一）

二、单体组合表现方法

室内单体组合表现不同于单体绘制，单体绘制只需考虑单一物体如何绘制即可，而单体组合绘制不单要考虑单体之间的色彩构成、明暗层次、笔触美感，也必须认真考虑相互之间的对比关系，本着家具为主，陈设为辅的基本原则，把握好物体之间是对比还是协调、用笔是轻还是重、细节是丰富还是概括，只有处理好这些矛盾才能达到完美表现对象的目的。

单体组合绘制步骤如下。

步骤一：钢笔起稿绘制基本型，重在整体淡化细节，如图 5-2 所示。

步骤二：模块表现讲求笔触，以形用笔塑造体面，参见彩图 41。

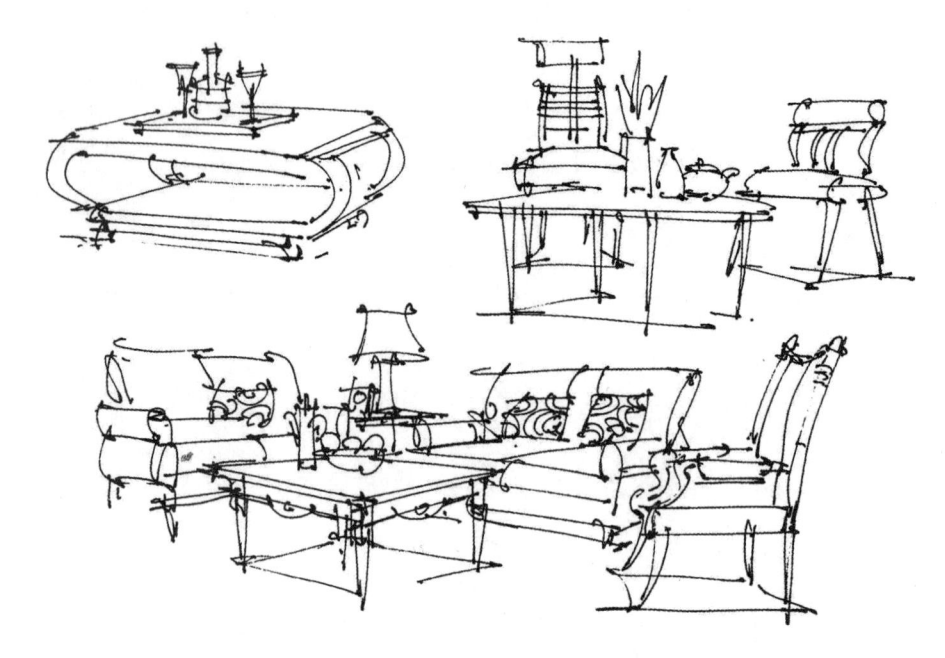

图 5-2　客厅单体组合表现解析步骤（二）

➤ 本章小结

　　淡彩表现技法中，当下常用的主要工具有马克笔、彩色铅笔、水粉画和水彩画、喷绘。四种工具在应用中的共同的特点是易于上手、绘制快捷、携带方便、色彩明快，由此成为当下设计师们所青睐的表现工具。所以在学习过程们应掌握四种技法所用工具及绘制方法。

➤ 复习思考题

一、填空题

1. 马克笔一般分_____和_____两种。
2. 比较常用于马克笔表现图的纸张有_____、_____、_____、_____、_____、_____等。
3. 在色彩叠加中可分为_____、_____、_____、_____。
4. 彩色铅笔分为两种，一种是_____，另一种是_____。
5. 常用的水粉颜料有_____和_____两种。
6. _____是指用喷笔进行描绘的方法，其原理是利用压缩空气把颜料的颗粒均匀地散布在纸面上，造成一种特殊的画面效果。

二、选择题

1. 改变彩色铅笔表现技巧的方法不包括( )。
   A. 改变明度　　　　　　　　　　　B. 降低纯度
   C. 提高纯度　　　　　　　　　　　D. 形成画面的色调
2. 水粉画的基本技法不包括( )。
   A. 干画法　　　B. 湿画法　　　C. 干湿结合法　　　D. 褪晕法

三、简答题

1. 马克笔的表现特点有哪些?
2. 简述室内装饰图的绘制步骤。
3. 彩色铅笔画的风格有哪两种?
4. 简述彩色铅笔室内表现图的绘制步骤。

第六章　设计草图表现技法

学习目标

通过学习本章内容，了解草图设计的前期准备、草图设计的用途；熟悉草图的表达形式及特点；掌握草图设计的创意方法。

能力目标

通过本章内容的学习，能进行设计草图直线、曲线的练习。

第一节　设计草图表现技法

一、设计草图前期准备

(一)收集、积累资料

虽然各种现代化的手段已经用于资料收集，但徒手速写草图更方便、实用。如临摹优秀的设计作品，随时记录建筑和室内的设计样式、材料、图案、尺寸、家具、陈设品等。可以随身带着速写本，随时勾画、及时捕获，积累丰富的第一手设计资料。

(二)现场测绘数据

根据对现场实际情况的考察，对照建筑设计图纸，测绘记录各种第一手数据、信息。如水、暖、电和设备的具体情况、建筑面积的实际大小、楼层的实际高度等。

(三)绘制草图方案

设计一套方案，经常先徒手画出大致的设计内容，修改完善后再转为正式稿，这些草图包括平面图、立面图、节点大样图、透视图、家具及陈设品等内容。

二、设计草图的用途

1. 设计草图是交流的重要手段

能够徒手绘制最具创造力的设计草图是设计师应具备的基本技能。目前设计师与业主之间交流图像信息的主要手段是靠效果图，而电脑效果图作品大多着重于最终的设计构思方案，而这些大都是在没有与业主交流的情况下进行的，不能体现业主的实际需求。因此，要注重与业主的交流，最好的方法是画设计草图，即能够以语言和草图等形式表达自己意图。

2. 设计草图是一种分析工具

设计师进行设计的过程是对设计条件不断协调、评估、平衡，并决定取舍。在方案设计的开始阶段，设计师最初的设计意象是模糊的、不确定的，草图能够把设计过程中有机的、偶发的灵感及对设计条件的协调过程，通过可视的图形将设计思考过程和思维意象记录下来。这样一些绘画式的再现，是抽象思维活动的适宜工具，因而能把它们所代表的那些思维活动的某些方面展示出来。

3. 设计草图是一种交流媒介

设计草图能够为相关部门的人员交流时提供方便。尽管模型也可能会同时作为一种交流媒介，但模型的交流范围一般限于外部造型，而草图却基本上可以表达一切。但是要做到有效的交流，设计师必须设身处地地考虑对方的希望和要求，同时要选择最清楚的表达方式。

4. 设计草图是一种图示思维方式

设计师在数据组合及思维组成的过程中，设计草图可协助将种种游离松散的概念做具体的、可以用眼睛看见的视图来陈述。在发现、分析和解决问题的同时，头脑里的思维通过手的勾勒使图形跃然纸上，而所勾勒的形象通过眼睛的观察又被反馈到大脑，刺激大脑做进一步的思考、判断和综合，如此循环往复，最初的设计构思也随之越发地深入、完善。

三、草图的创意方法

草图作为设计工作中的一部分，它的展开可以说是一个设计师设计思考的过程，这个过程是通过两种方式来进行思考的：其一，是概念性的思考过程；其二，是逻辑思维性的思考过程。这两者也是草图的两个侧重点。

由于设计草图大多是徒手绘制的，它要求具备一定的艺术绘画功底，这是作为一名建筑师、室内设计师必备的功力。画好设计草图要养成一个勤奋的习惯，要经过长期而艰苦的努力。在今天电脑横行的时代，作为设计师要强调设计草图的重要性，继续深入研究下去，并充分体现设计的原创精神。

1. 在收集资料同时进行创造构思

设计草图的形成过程，主要是设计师根据设计要求，明确设计意向，大量收集和查阅相关的资料和作品，如类似的设计作品、大师的有关作品、最新的理论研究成果等，使自己对设计内容有客观的了解和认识，从中启发自己的思路。在进行资料收集的同时也进行创作构思。对于最初的构想要以设计任务要求为基础，客观实例为参考，借鉴别人的成败经验，通过草图形式进行"天马行空"般的尝试，不拘泥于形式和手法，其关键在于合理地展现方案构思和设计特点。

2. 要有画好草图的信念

设计草图是建筑设计中设计师创意的集中和先期的体现，每一个好的艺术作品产生的前提必然是"胸有成竹""意在笔先"。

3. 细部构造的研究

随着设计过程的深入，细部构造研究也是其中的重要内容。对设计者来说，设计草图的推敲工作往往也是设计各阶段中最酣畅淋漓的时候，它的展开充满着创造的快感。借助于这种概念性的草图，设计者可以更好地推敲建筑的立面、剖面等关系。因为空间的观感直接影响到了设计者的思维过程，而揣摸这种"虚拟空间"也正是设计师的创造过程的乐趣所在。

4. 尽可能尝试多种手法和工具

徒手描绘的方式比较传统，也是较为常用的草图表达方式，它包括的类型很多，根据其所采用的材料来区分，有铅笔、钢笔、钢笔淡彩、彩色铅笔、蜡笔等丰富多彩的形式。

四、草图的表达形式及特点

草图的表达具有一定的优越性，具体体现在以下几方面：

(1)设计师的思维在设计创作的初始阶段往往具有跳跃性的特点。在正式成果出来之前，设计师表现在草图上的东西往往是间断的。在阶段性成果出来之后，设计师需要记录设想中的多种解决问题的可能性，而在一页纸上可以表达许多不同的思想(图6-1)。由于这个特点，草图十分适合用来记录跳跃性的、思维跨度大的不同构想。

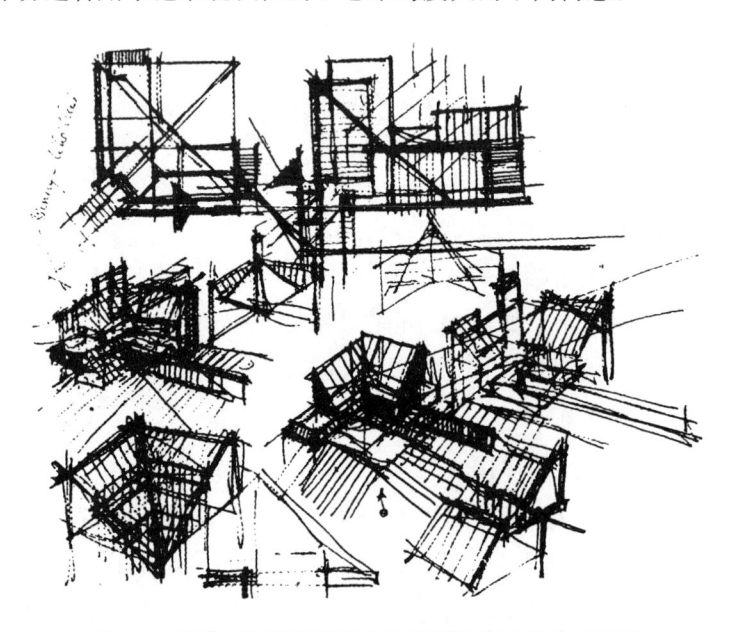

图 6-1　戴维·斯蒂格利兹为西格勒住宅画的构思草图

(2)设计师在创作中常常同时对建筑的各个方面进行平行思考。在对工作进行考察和研究之后，设计师会对建筑的内部空间、交通组织、剖面形式和构造方面的问题进行一些考虑。这就需要在同一张纸上记录下平面、剖面、细部，甚至各个不同视角的透视，而草图恰恰可以很好地满足这些要求。

(3)草图以视觉元素表达透视、空间、质感。以草图做信息传递被应用于各种设计领域。设计师在研究构思的时候，要经常与相关部门进行交涉、沟通。很明显，在这个阶段以比较正式的成果表达方法既费时又费力，而草图则是最方便快捷而形象的表达手段。

第二节 设计草图训练

一、电脑技术是把"双刃剑"

电脑的日益发展，使设计方法和观念有了较大改变，它成为设计和创作的新趋势和新动向。首先，电脑虚拟技术的发展和在设计领域中的应用，使设计中艺术与技术的隔膜——设计作品的物化过程的隔膜得以消失，也使传统的设计程序发生了根本的变化，即有可能实现真正意义上的"并行设计"，使设计作品能综合艺术、结构、工艺、技术、材料、经济等多方面的因素，以谋求最佳、最完善的实现途径，使最终的物化得到理论上的可行性和经济性的高度整合，成为检讨设计的重要手段。如建筑大师弗兰克·盖里(Frank Gehry)所设计的迪士尼音乐厅，在最初传统模型构思的基础上运用电脑虚拟技术来检讨、完善和深化，最终完成传统二维图纸所无法表现的，具有戏剧般形状、动人心弦的建筑设计作品。其次，电脑技术也使传统的设计观念受到冲击。电脑还是一种能够激发设计创作灵感的发生器，是获取全新的、非传统设计程序和观点基础上的造型形态的有效手段。如著名建筑师彼德·埃森曼(Peter Eisenman)在设计柏林最高建筑物——马克斯·林哈得(Max Reinhardt)大楼时即运用了电脑技术，以一个几何原形来进行创意，获得了"神奇的扭转"所生成的设计造型，诠释了信息消费时代都市建筑景观的新理念。最后，电脑技术大大降低了设计的劳动强度，提高了设计精度和速度，而且其虚拟真实的技术使设计表现图显得直观而生动。同时电脑技术也能使设计成果得到重复的利用，对设计标准化和产业化起到一定的推动作用。

然而，如同一切高新技术一样，电脑技术在设计学科中的运用也存在着众多的负面效应。如电脑技术带来了设计的"异化"，反映在具体的设计中即重"表现"轻"设计"，设计方案招投标变成了电脑效果图竞赛；学生设计时在电脑效果表现上所花的时间大大超过设计方案构思的时间，重"结果"轻"过程"的情形十分严重。又如电脑技术其本身特点也在一定程度上束缚了设计思考过程"幻想"的翅膀，电脑技术及其软件本身的局限和操作者的水平影响了设计构思，扼杀了方案构思过程中的转眼即逝的设计灵感，让使用者不得不放弃方案初始阶段的模糊性和随机性，而向电脑"投降"，使设计艺术创作变成简单的工业化"生产"。再如设计教学中，学生过分依赖电脑和沉溺于电脑，忽视了严格的基本功训练，对设计徒手草图的训练和运用失去了应有的热情和追求，最终导致设计分析、思考、创作能力的丧失，也使学生设计素养降低。

二、设计草图训练可提高创造性

设计是一个解决问题和协调矛盾的过程，在这个过程中有两个内容十分重要。一个是发现问题、解析问题；另一个是对所解决的问题答案进行评价。前一个内容是后一个内容的基础和做好一个设计的前提，也是目前设计教学中一个十分薄弱的环节。针对学生缺乏想象构思和创造能力的情况，可利用设计徒手草图的训练——图示思维的设计方式，有效地提高和开拓其创造性思维能力。实践证明，国内外的许多优秀设计师和设计大师均精于此道，出色的图示思维也是他们的成功之道。

图示思维方式的根本点是形象化的思想和分析，设计者把大脑中的思维活动延伸到外部来，通过图形使之外向化、具体化。在思维过程中需要脑—眼—手—图形四位一体。

著名美学家鲁道夫·阿恩海姆在《视觉思维——审美直觉心理学》中阐述道："视觉乃是思维的一种最基本的工具""艺术乃是一种视觉形式，而视觉形式又是创造思维的主要媒介"。视觉的思维性功能帮助我们通过图示进行思维、进行创造。在发现、分析问题和解决问题的同时，头脑里的思维通过手的勾勒，使图形跃然纸上，而所勾勒的形象通过眼睛的观察又被反馈到大脑，刺激大脑作进一步的思考、判断与综合，如此循环往复，最初的设计构思也随之越发深入、完善。可见，徒手设计草图这种形象化的思考方式，是对视觉思维能力、想象创造能力绘画表达能力三者的综合。在这个过程中，不在乎画面效果，而在乎观察、发现、思索，强调脑、眼、手、图形的互动。徒手设计草图的训练，无疑是培养学生形象化思考、设计分析及方案评价能力，以及培养学生开拓创新思维能力的有效方式和途径。

三、设计草图训练——直线练习

（1）用力要均匀，要有目的，可以先确定起点、终点，从起点到终点有力而放松地画出，要多画多练习，直到准确。要求线条直且有力度，起点和终点虚一点，中间部位实一点。直线分为垂直线、水平线和不同方向的斜线，在画好直线的基础上去画曲线和弧线（图6-2）。

（2）进一步练习用力有轻重、速度有缓急的线条（图6-3）。

图6-2 直线、曲线练习

图 6-3 用力有轻重，速度有缓急的线条（直线）

四、设计草图训练——曲线练习

(1)方向不同的线条（图 6-4）。

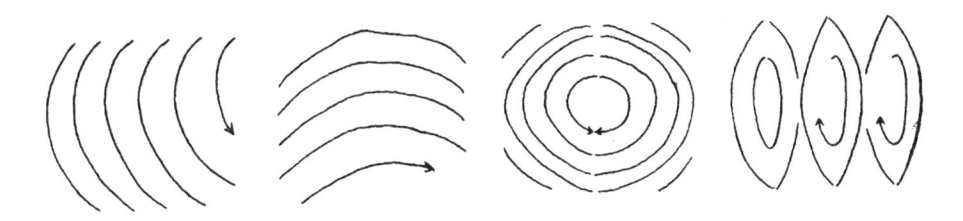

图 6-4 不同起始方向，均匀用力的线条

(2)用力大小与速度快慢不同的线条（图 6-5）。

图 6-5 用力有轻重，速度有缓急的线条（曲线）

五、草图训练应注意的问题

(1)绘画线条时需要画者细心观察物像，注意线条的来龙去脉，交代清楚线条与线条之间交叉、搭接的关系。

(2)勾画时心态要放松，下笔要大胆，要不厌其烦地练习，积累经验，从量变到质变。

(3)勾画线条时，要一气呵成，避免出现断断续续的线条。

(4)下笔肯定，一条不准确，再画一条补上，切忌因怕画错或画不准确而犹豫不定。

(5)勾画时用铅笔尖的侧面着纸，利用手腕的力量进行转动，手掌不能紧贴纸面，应悬臂来画。

本章小结

设计一套方案，经常先徒手画出大致草图，修改完善后再转为正式稿，能够徒手绘制最具创造力的设计草图是设计师应具备的基本技能，而且设计草图也是与业主最形象的交流。在学习中应掌握草图的创意方法及表达形式。

复习思考题

一、填空题

1. 草图作为设计工作中的一部分，是通过两种方式来进行思考的：其一，＿＿＿＿＿＿＿；其二，＿＿＿＿＿＿＿，这两者也是草图的两个侧重点。

2. 设计草图直线练习时，直线分为＿＿＿＿＿、＿＿＿＿＿和＿＿＿＿＿。

3. 由于设计草图大多是以＿＿＿＿＿绘制的，故它要求具备一定的艺术绘画功底，这是作为一名建筑师、室内设计师必备的功力。

二、简答题

1. 设计草图的前期准备工作有哪些？

2. 设计草图的用途有哪些？

3. 设计草图训练应注意哪些问题？

4. 草图的表达具有一定的优越性，具体体现在哪几个方面？

第七章　室内外空间表现方法

学习目标

通过学习本章内容，了解主辅景关系、环境空间的表现、建筑装饰空间的表现；熟悉室内外材质分类表现；掌握家具空间平面、立面表现，家具空间效果图表现，小型室外空间绘制。

能力目标

通过本章内容的学习，能在老师的指引下独立完成简单家居空间效果图表现及小型室外空间效果图的表现。

第一节　空间界面处理与画面信息量

一、主辅景的关系

1. 经营位置

经营位置首先要处理好画面整体与局部的关系，两者都要兼顾到。对于主体所要表现的位置范围，是偏上还是偏下，由表现意图而定。表现位置偏下成稳定之势，表现位置偏上显空灵之态。是偏左还是偏右，可以根据表现对象而定，前景大显得开阔，视野范围集中，后景大显得局促，视野分散。要根据对象和环境布局，体现不同的环境，反映不同的建筑场所。

环境的安排将直接影响建筑的氛围，所以在布局方面分清建筑与环境的主、次和主、辅关系，一般主景放在画面的主要位置，辅景放在画面的次要位置，用辅景衬托主景。复杂场景要明确建筑室内外的近、中、远景的层次，设计安排室内外建筑景物之间的虚实处理，色彩、光影的相互配合关系。

2. 主景位置

在外部装饰空间表现图中，要处理好表现主景位置与图中主景建筑周围环境所占面积的比例关系，确保主景与周围环境的比例安排合理，一般主景与周围环境形成3∶5比例为宜。在室内装饰表现图中要对内部空间环境的表现重点刻画，以表达设计内容为出发点，既要表现以空间界面为主的室内，又要以表现空间中的物体为主。

二、环境空间的表现

环境空间的表现分室内空间的表现与室外空间的表现两部分，两者统称为环境空间设计表现。环境空间的表现图给观看者一种真实的、身临其境的感觉。在表现手法上，一是需要表现的主体突出、造型准确、色彩真实，体现物体的质感；二是图面所提供的信息量要充实；三是突出视觉中心与视点；四是保证画面的平衡。

在室外装饰表现图中，建筑外部的装饰部位一般应在建筑的主立面以及入口部位。为了突出和强调这两个部位，在表现手法上，往往采用色彩、明暗对比的手法，以增加视觉效果。还可以在建筑入口处采用较大的信息量，如用密集的人物、车辆配景造成醒目效果。

建筑装饰表现图必须具有相对的平衡和稳定性。自然界中的对称平衡会给人一种对称的美感，在装饰表现图中，对称是并不常用的，它会使人感到呆板，缺少生动感。表现图中的对称，常会调整视点。表现物体不对称并不等于图面不平衡，而是需要进行调整补充，达到画面视觉上的平衡。在装饰表现图中，图面的平衡没有一定的准确量化标准，而是靠视觉上的平衡来获得的（图7-1）。

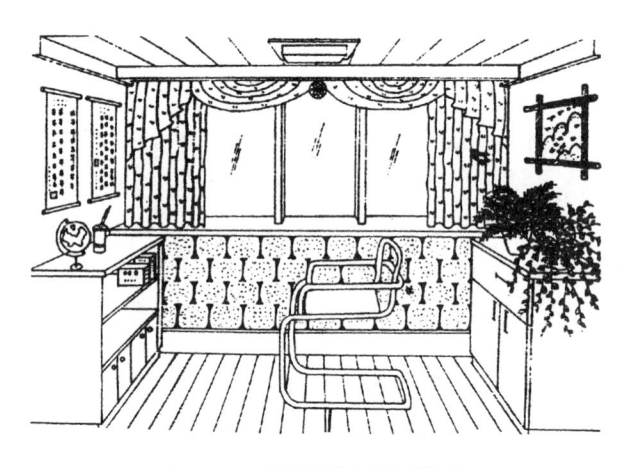

图 7-1 画面视觉上的平衡感

三、建筑装饰画面的信息表现

1. 画面信息量

装饰表现图中信息量的多少，直接影响到图的质量。主景传给我们的主要是形象的信息，配景和室内陈设传导给我们的是环境气氛的信息。信息量过少，就无法表现出主景的环境气氛和它们各自的功能，感觉画面空洞，这时就需要增加内容，充实画面。在装饰表现图中要正确地体现出所表达的信息量。

2. 画面信息量的表达方式

画面信息量的表达方式主要有以下两种。

（1）线描稿要画得准确生动，表现物体恰到好处。在装饰表现图中，不是图面的表现物体越多越好，而是要有目的地选择，选择有代表性的物体置于画面中。当然，主要表现的材质和装饰材料在画面的表现是不可缺少的，把它合理地组织在图中，运用线条、色彩表现出来。

（2）巧妙运用色彩表达图中的信息量。色彩使用丰富可以弥补室内陈设物体不足的问题，但是一般不采取这样的处理办法，因为色彩主要是体现物体的质感和表现材质。充分地体现物体的材质是表现出画面信息量的一种方式，一般在作图中要注意材质色彩的运用（参见彩图42），不要单纯地为表现色彩而作画，色彩要为主题服务。

第二节　材质分类表现

一、质感表现

质感是物体表面视觉特征的表现。质感与各种材质对光的吸收反射性质有很大的关系，它是人们的感觉经验与视觉经验相结合时，透过视觉器官所反映的一种心理影响。作为审美对象的视觉因素在艺术作品中离不开物质材料的质感表现，相同的造型使用不同质感的材料，其效果完全不同。

表现材质时应该注意到材料的形体结构、色彩效果。表面色彩层次不宜过分追求，程度应适中，如果色彩表现层次过多，对材料表现效果将不能起到很好的作用。因此，所表现的材料要点，归纳起来，主要有四点：一是掌握表现材质的明暗关系，要注意观察材料在不同环境的光线照射下，材料自身表现光亮度、暗度及投影的关系；二是色彩的变化特点；三是形体透视准确；四是注意表面肌理。

二、不反光也不透光的物体

1. 陶瓦器

较粗质感的静物如陶器、瓦器具、粗布以及草编工艺品等，质地粗糙、无釉光，颜色单纯，或深灰或浅灰，明暗色阶变化较柔和。它们没有强烈的高光点，也没有过强的反光，受环境影响不大，表现时，用笔尽可以大胆粗犷一点，不必细腻地刻画。暗部尽量一次完成，亮部可先画一层色调，用笔触表现出粗糙的质感，出现一种粗感效果，具体的刻画可根据物体的粗糙程度灵活运用。

2. 木材

木材是一种具有明显肌理现象的天然材料。其种类很多，由于其特殊的生长过程，树干每年长粗一圈，形成年轮，也就是说形成了木质环绕轴心的生长结构。表现木材质感主要应有木纹的表现，即要根据木材的品种，首先涂一层底色，平涂底色时可略有变化，然后再徒手画出木纹线条,木纹线条应先浅后深,以便于修改,最后再进一步整理,使木材质感自然流畅(图7-2)。

3. 石材

自然的石材,大都给人一种原始、质朴、沉重、坚硬的感觉,原始社会人类最初所使用的工具即是石质的,石材的颜色种类很多,如白色、黄色、黑色等。在表现其质感时应先按照石材的固有色涂一层底色,留出高光和反光,然后用笔适当画出石材的纹理,使纹理与底色稍有融合而花纹不会显得生硬,这样表现的石材效果比较真实。

4. 纸材

自东汉蔡伦改进造纸技术以来,纸一直伴随着人们的文化生活,对人类的文化传承和传播起到了关键性作用。无论是在绘画上还是在设计中,它都与我们形影不离。因加工技术与材料的不同,同样会产生不同质感的纸,如柔软的宣纸,光滑、坚挺的铜版纸,白卡纸等。在描绘纸质时,应抓住其薄的特性,并借助其肌理形态来进行整体描绘。

5. 皮革

皮革有天然与人造之分。天然皮革取自动物的表皮,经加工制成皮革,其表面保留着毛孔,有天然的纹理。人造皮革则显得生硬、机械一些。皮革经过处理后具有一定的光泽感。涂色时要自然均匀,光线不要表现得过于强烈,应通过削弱高光来减弱对比度。对其描绘应抓住大的体积关系,对高光、线条、皱纹的深入刻画和描绘是表现质感的关键(图7-3)。

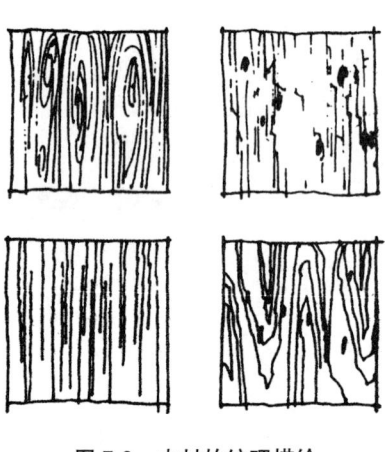

图7-2 木材的纹理描绘　　　　图7-3 皮革

6. 纺织品

衣物、织布等质地细腻、不反光、柔软而有弹性,在着色时,应注意其固有色和纹理变化。在表现过程中应注意用笔的轻重、刚柔、疏密变化,应根据不同质地使用不同的描绘方法。我们可以归纳一些具体的纺织品表现的规律:

(1)根据布纹的走向及来龙去脉来表现。

(2)画出褶皱的立体感,注意三大面五大调子的明暗变化。

(3)画时考虑布纹的疏密关系,进行概括、取舍。

三、反光而不透明的物体

反光而不透明的物体以金属类最具代表性。要表现金属的肌理、质感，就需要先去分析它。由于其自身的材质属性，金属经过加工、抛光后的表面多为光滑面，具有极强的反光性，周围环境中的物体可清晰地投映在它的表面上，这是金属最大的特点，不锈钢尤其如此。也有个别的锈蚀金属没有光泽，这时我们就应特别注意其重量感和本身的固有色。金属器具表面明暗变化较大，且呈直条状，画时要留出不同形状的高光，高光边上一般颜色都较深。对反光的刻画既要强烈，又不能跳出其应在的位置。金属物体坚硬而体薄，在边缘处可用尖的铅笔，以肯定的笔触予以刻画(图7-4)。

下面介绍马克笔绘制不锈钢炊具的画法和步骤：

(1)铺设底色，用灰色区分出亮部与暗部的范围。

(2)使用深灰色画出不锈钢锅较深的部位，并应根据明暗感觉把握深、浅色度。

(3)使用赭色、淡黄色画出不锈钢的环境色，环境色与不锈钢锅本身的固有色要有所区别。

(4)使用较深的中灰色进行调整，使图面统一，色彩表现充分即可完成。

四、透明且反光的物体

表现透明材料，如玻璃(有色、无色)等的质感，要掌握好反光部分与透过光线的关系，透明材料基本上是借助环境的底色，施加光线照射的亮色来表现。在处理光线时要注意光的形状和透明物边缘的处理(图7-5)。

图7-4 反光不透明质感表现　　　　　　图7-5 透明材料

下面介绍透明玻璃的画法：

(1)描绘玻璃时，要考虑玻璃本身的固有色和透过玻璃看到的室内或室外的景色，同时，反映在玻璃内的景物要稍微虚一些。

（2）使用较淡的色彩画出玻璃的反光和光线的变化。作画时用笔尽量规范，笔触的方向要一致。

（3）表现玻璃的质感要和玻璃边缘及窗框联系起来，画好玻璃边缘和窗框能够很好地体现玻璃的质感。

（4）玻璃可分有色和无色两种，无色玻璃透明度高，反映出的物体清晰；有色玻璃透明度低，反映物体模糊，在表现中要加以区别。

（5）表现玻璃器皿要注意器皿与物体交界处的变化，一般两件器皿相交处颜色较深。玻璃有透光的特点，透光和反光较亮。

五、花卉与蔬菜

对于花卉与蔬菜等，这些物体有它们生长的自然特征，如质地鲜嫩、形体自然而生动等。这些特征决定了其必须使用流畅的用笔技法来表现。如果用干巴巴的笔触，是难以表现好这些物体的。同时还要考虑它的结构组织和整体上的完美，防止支离破碎的细节。把握好这些，是画好此类静物质感的基本前提（图7-6）。

图 7-6　质感表现

第三节　家居空间表现方法

一、家居空间平面、立面表现

1. 家居空间平面图表现

平面图是家居空间表现中的重要环节，是展示设计者设计构思和空间组织方式的重要途径。平面图需表达出室内的空间格局、流线组织、家具及陈设布置、主要色调、设计风格等要素，它是立面图与效果图绘制的首要依据。因此，在绘制平面图时应特别注重技术与艺术的结合，在严格按照原有设计方案进行绘制、准确使用比例与线形的同时，还应加强其艺术表现力。平面线稿绘制步骤如下。

步骤一：户型平面基本线稿绘制，绘制时必须严格依据原设计方案进行绘制，其户型平面基本线稿的绘制可按照建筑规范区分粗细线，也可统一使用细线绘制，如图7-7所示。

步骤二：绘制家具陈设时，应准确表达家具的尺寸、材质、位置等要素，如图7-8所示。

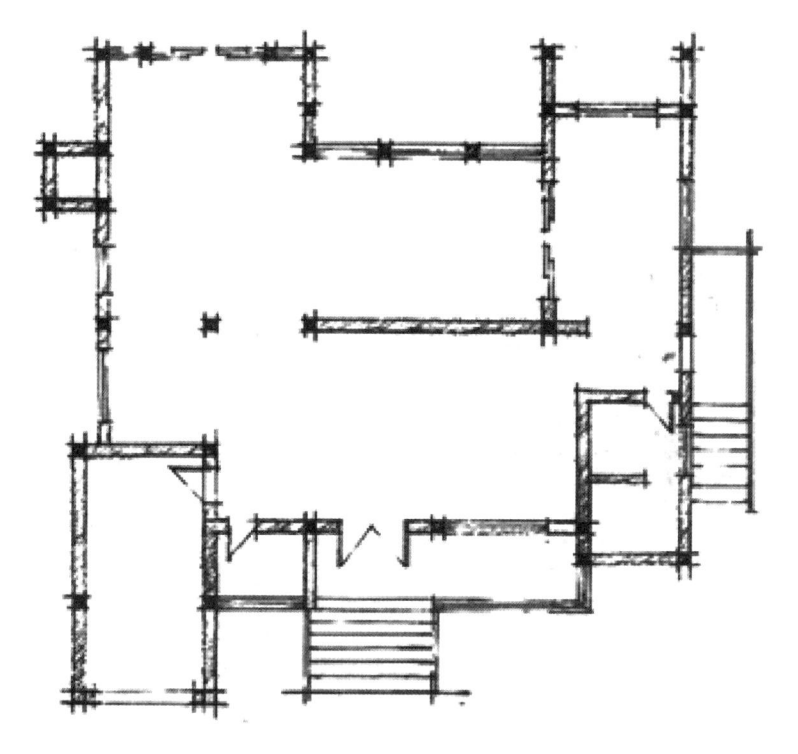

图 7-7　户型平面基本线稿绘制

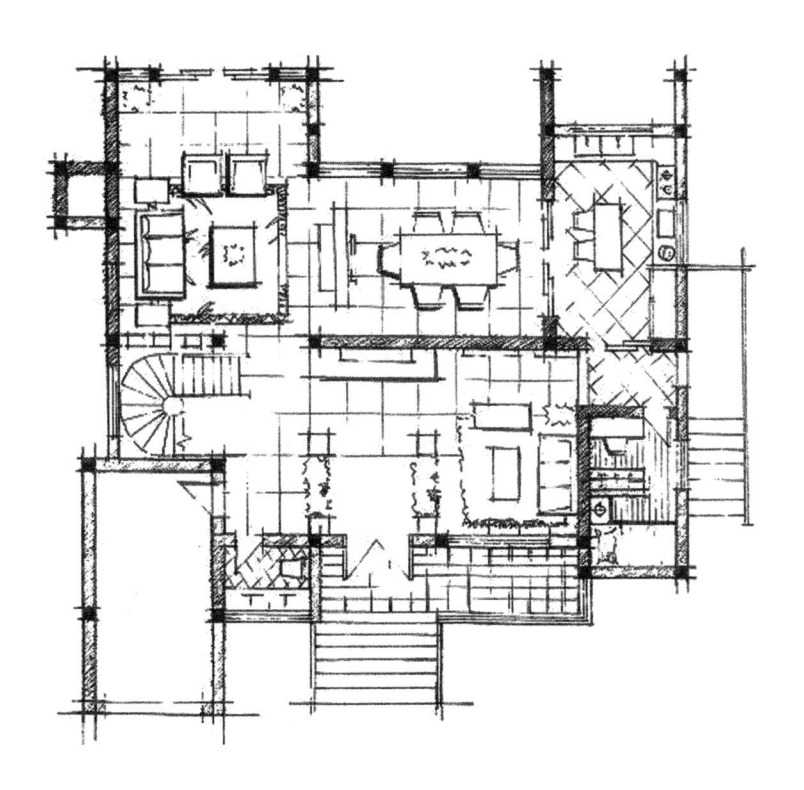

图 7-8　家具陈设绘制

步骤三：平面图着色时，以冷灰色填充墙线，并对室内光影效果进行初步表现；对重点空间的家具、陈设灯进行着色，绘制时应特别注意光影关系的表达，刻画地面材料的色彩及质感，强化光影关系，如彩图43所示。

2. 家居空间立面图表现

立面是室内方案的重要组成部分，也是设计师的设计重点，更是展现其设计实力的重要方面。绘制立面图时，需要阴影关系来突出造型及材质的起伏变化，不同材质的表现方式以及比例尺度的控制也十分重要。为营造富有生活气息的家具空间，对陈设饰品及植物也需进行刻画。立面图线稿绘制步骤如下。

步骤一：立面图绘制时必须严格依据原设计方案进行绘制，其基本线稿的绘制可按照建筑制图范围区分粗细线，也可统一使用细线绘制，如图7-9所示。

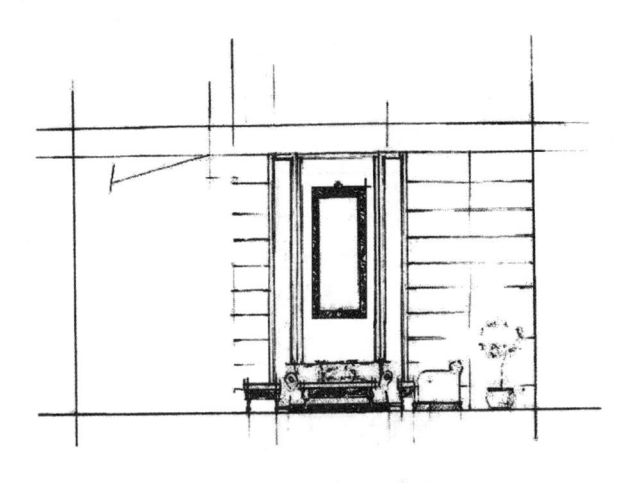

图7-9 立面图基本线稿绘制

步骤二：绘制装饰构件线稿时，需真实反映设计方案中构件的真实位置、尺寸。绘制家具时，应准确表达家具的尺寸、材质、位置等要素，如图7-10所示。

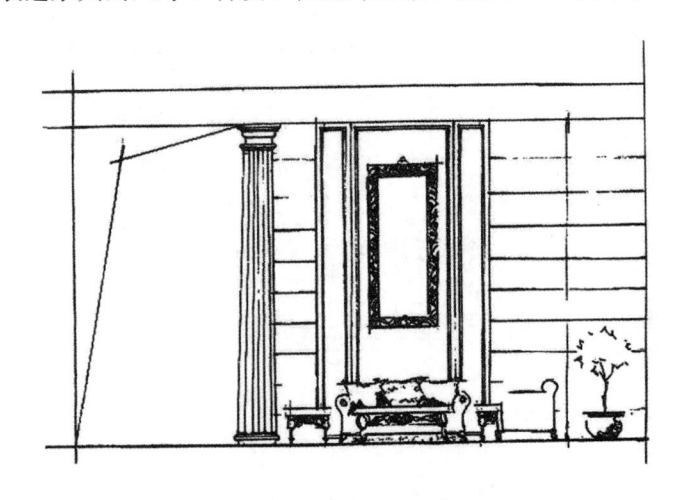

图7-10 装饰构件与家具陈设绘制

步骤三：绘制画面中的前景物体，如沙发、绿植、陈设等，对背景墙等大面积构件进行着色，如彩图44所示。

二、家居空间效果图表现

1. 客厅效果图绘制

客厅是家庭的活动中心，是家居中最大的开放空间，也是使用者生活起居的核心空间，其功能、动线较其他空间更为复杂，构造、家具、陈设、灯光设计等装饰要素变化丰富，其是展现设计者设计能力的重要窗口，也是使用者最为关注的设计焦点。因此，对这一特殊空间的效果图手绘表现尤为重要。客厅效果图绘制步骤如下。

步骤一：绘制客厅效果图基础线稿，应特别注意视点的选择，原则上视点不宜过高，宜定在700～1 000 mm标高处，如图7-11所示。

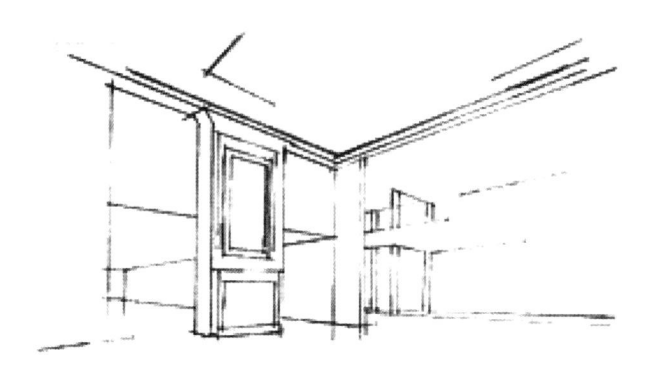

图 7-11　基础线稿绘制

步骤二：软装线稿绘制，应准确表达各软装要素的尺寸、材质、位置、相互关系等内容，绘制顺序通常为先家具、再灯具、后配饰，如图7-12所示。

图 7-12　软装线稿绘制

步骤三：线稿润色，主要是针对装饰细节的图线进行修正并按需绘制其光影关系，为进一步着色做好准备，如图 7-13 所示。

图 7-13　线稿润色

步骤四：对墙、地面及装饰构件进行调色，并进行装饰细节及室内光影关系的描绘，如彩图 45 所示。

2. 卧室效果图绘制

卧室是家居中重要的私密空间，其空间气氛与质感较客厅有很大的差异，卧室空间手绘应营造宁静、柔和、温馨的室内环境，强化对灯光及软装的表达。卧室效果图绘制步骤如下。

步骤一：选透视方式，确定视平线及灭点，并绘制主要界面（铅笔），如图 7-14 所示。

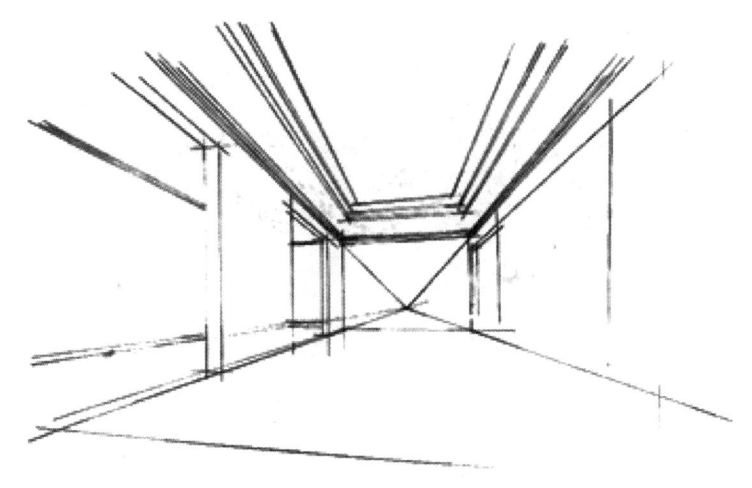

图 7-14　绘制主要界限

· 98 ·

步骤二：卧室效果图着色，如彩图46所示。

步骤三：绘制主要家具及装饰细节，如图7-15所示。

图 7-15 绘制主要家具及装饰细节

第四节 公共空间表现方法

一、小型室外空间的绘制内容

1. 树木

树木是建筑风景中的主要配景，画好树木能起到烘托主体、丰富画面层次、活跃画面气氛的作用。树的基本结构由树根、树干、树枝、树叶四部分组成，干、枝、叶是需要主要描绘的对象。干有主干和支干之分，均为圆柱结构。枝的结构复杂，但其规律主要是"树分四枝"，即枝围绕主干的前后、左右生长，有立体感。主干与支干的分叉处是结构的关键，要认真把握。画树干轮廓时的线条要有离、有进、有出、有连，这样才能画出树干的结构和姿态（图7-16）。叶有针叶、阔叶之分，可依据针叶、阔叶的特征以及表现方法的需要，使用双勾叶和点叶的形状来表现树叶。

在同种树上要注意，既要强调特征，又要语言统一；既可运用明暗的方法表现树叶，还可以运用黑白块面画树叶或运用黑白灰三大块面来画树叶。而且随着季节的变化，树的形态也随之发生变化，如春枝优美、夏叶茂盛、秋叶疏朗、冬枝挺拔，要表现这些，重要的还是要善于观察。

画树时，要注意抓住干、叶的外形特征和美感而使干、叶之间相呼应，这样可以使树木有生机和气势。多棵树的组合要分出前后层次，在同一层次里的树，点、线、面的运用在倾向上要统一。树木处于画面的近景时，要把握枝干的结构形态特征；处于远景时，要抓住主要形态，对细节结构进行概括（图 7-17）。

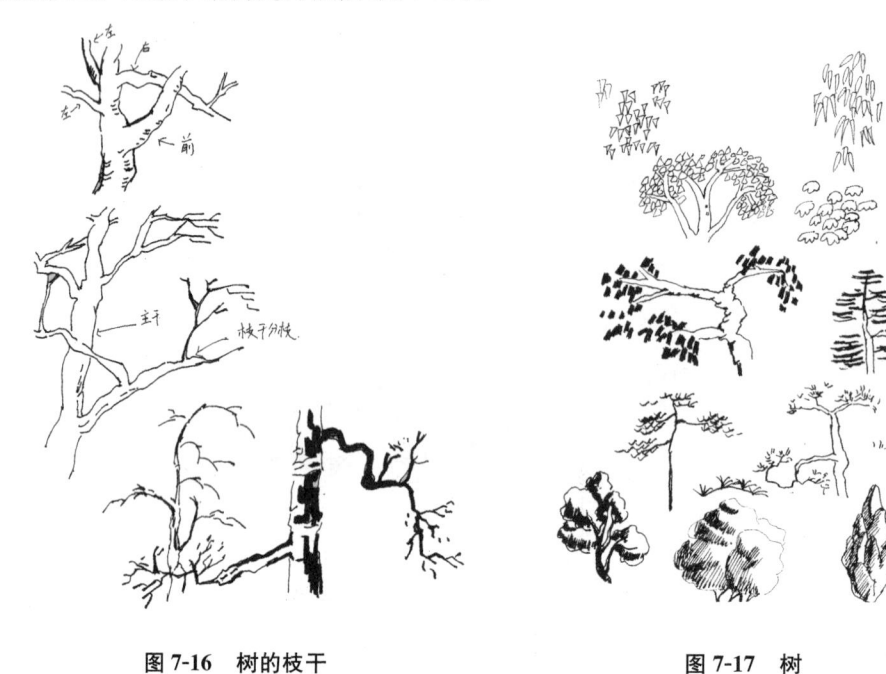

图 7-16　树的枝干

图 7-17　树

2. 天空

天空因季节、天气、时间及地区的不同而变化。根据透视规律，天空的明暗变化是画面的最上面较暗，向地平线推移则逐渐增亮。为了画出天空的深邃之感，应注意明暗的过渡、虚实等。画天空用笔要细腻，笔触不能太清楚，要和其他景物区别开，使天空起到衬托作用。

天空中云的描绘要根据其形状特征、背景天空和画面主题的需要而定，或实或虚，或大或小，或远或近，或高或低，或浓或淡，或活泼或凝重（图 7-18）。

图 7-18　天空的表现

3. 山

画山要注意景物空间的不同层次。近山起伏明显、明暗对比强烈，因此近山的刻画要注重山石质地和起伏向背的结构；远山形体明暗都较模糊，只需刻画山脉转折起伏的气势（主要表现外轮廓）。

另外要注意以下几个方面：

(1) 了解山石的形状与构造，以及表面肌理形态变化特征。

(2) 观察山石在环境和画面上所处的位置，是远景还是近景，是否为视觉中心，关系到塑造程度。

(3) 结合山石形象，思考各部位的线条类型、组织方式和概括方法。一般情况下远景以整体外形勾勒，近景注重内在肌理表现，视觉中心结合光影因素绘制（图7-19）。

图 7-19　山石用线的表现方法

4. 人物

表现图中的人物绘制可为画面增添气氛，并借助人物比例协调室内空间的尺度。在绘制中，人物动作不宜太大，比例要合适，姿态应端庄，服饰应与环境协调。

人物在配景中和其他形体一样，第一感受是近大远小。平视时，地平线与视平线可以作为地面人物透视关系的基准，地面上高于视点的人物，一定高于视平线；低于视点的人物，一定低于视平线。例如，地平线上有几个等高的人物，当视点低于人物高度时，人物不论远近，视平线一定要穿过人物的同一部位。通常写生时，将人物头部处在视平线上的情况较多，当人物头部处在视平线上时，视平线则要横穿远、近等高人物头部的同一部位。以此为依据易于画出远、近景人物的比例和透视变化。当人物不等高时，人物远近经过视平线的部位上下也自然会有差异。

人物在室内环境的绘制中，不论其处在什么位置都应该画得理想些，忽略过多的细节。人物多的场景，要考虑从相互之间的交流关系表现处入手，如图7-20所示。

图7-20 人群情景动态表现

5. 交通工具

汽车主要用于汽车室外装饰表现图的配景。在室外空间表现图中，可以作为点缀，以增强画面的强度气氛，体现时代气息，另外还能够起到加强画面色彩效果和调和构图的作用。彩图47为汽车表现技法。

一般情况下，轿车的高度略低于人高，车身长约三个人高，车身宽约一个人高。在表现图中，要最后画轿车，先排好位置和方向，起好轮廓。车身分水平与垂直两面，垂直面使用略深的固有色，水平面用浅而鲜亮的颜色，待色干后画玻璃，用灰蓝或茶灰色薄薄地罩上一层，车内人物隐约可见，然后点画高光，玻璃反光要有虚有实，车身两个面转折处画亮线，亮面局部稍做反光。车灯、保险杠用灰色并点出高光，车轮用灰色画出轮圈，最后可表现车身阴影和车灯发出的光。

6. 灯饰与光影

光影是造型的生命，有了光影人才能感知体积和空间的存在，因此对于光影的描绘历来是室内表现图的根本所在。灯具的造型样式及其光滑的渲染效果直接影响着整个室内设计的格调、气氛、档次以及效果图的水平。

室内固定式装饰灯具有吊灯、吸顶灯、壁灯、霓虹灯等，这些灯具固定地安装在建筑物上，其艺术风格与建筑物融为一体，使人们在建筑物中得到舒适的光照与艺术享受。

不同的灯具有不同的表现手法，如与人距离较近的地灯、台灯、壁灯等单个小型灯具的刻画可深入些。而大的厅堂中，成组的灯具或几个大吊灯的刻画不要过于精细，主要是表现大的效果和整体气氛，在起好轮廓的基础上用较暗色（暖色）和亮色（柠檬黄加白）画出形体，然后用白色点出高光，用喷笔在灯周围的适当位置以及高光处喷出光感。灯光的表现主要是借助明暗对比来实现的，因此在调整阶段可有意识地将主体灯光的背景或其中一部分处理得更深一些，光源则显得会更亮。彩图48为灯具与光影的表现。

7. 窗帘、床上用品的表现

室内装饰织物包括窗帘、床单、台布、地毯、挂毯等。装饰织物除了具有使用价值外，还有艺术效果，能够增强室内空间的艺术气氛并点缀环境。其艺术感染力主要是取决于材料的质感色彩等因素。

绘制窗帘要体现出线条的流畅和线条的疏密结合，然后根据实际颜色涂以颜色（参见彩图49）。

床上整套卧具包括床单、枕套、被罩、被子等。床单的纹理一般以单色、淡浅的花纹为主。在室内设计中，织物是经常需要表现的物品。织物质地细腻、柔软、不反光，在表现时要注意画出起伏、褶皱的变化（参见彩图50）。

绘制地毯所用的颜色根据自己喜好而定。地毯的边缘既整齐又有变化，在绘制时表现地毯体积也是绘制的主要内容之一，一般地毯边缘不受光，画时要深一些，特殊情况要加入投影，这样能够有效地表现体积（参见彩图51）。

二、小型室外空间的绘制步骤

小型室外空间的绘制步骤如下。

步骤一：绘制线稿，如图7-21所示。

图 7-21 小型室外空间绘制线稿

步骤二：前景着色，如彩图52所示。
步骤三：中景着色，如彩图53所示。

本章小结

室内外平面、立面的表现区别于一般绘画，它是设计师与客户沟通、交流的平台，是对最终装饰效果的一种说明形式。因此，绘制时须做到平立面对应严谨、材质色彩表达准确。切忌使用只追求美观而忽略实际空间效果的表达方式。

复习思考题

一、填空题

1. 环境的安排将直接影响建筑的氛围，所以在布局方面分清建筑与环境的_____，_____关系。

2. 环境空间的表现分_____与_____两部分，两者统称为环境空间设计表现。

3. 在室外装饰表现图中，建筑外部的装饰部位一般应在建筑的_____。

4. 建筑装饰表现图必须具有相对的_____和_____。

5. 不反光也不透光的物体包括_____、_____、_____、_____。

二、选择题

1. 环境空间的表现图就是给观看者一种真实的、身临其境的感觉。在表现手法上的要求错误的是（　　）。

    A. 需要表现的主体突出、造型准确、色彩真实，体现物体的质感

    B. 图面所提供的信息量要充实

    C. 突出视觉中心与视点

    D. 保证画面的差异区分

2. 在装饰表现图中，图面的平衡没有一定的准确量化标准，而是靠（　　）来获得的。

    A. 视觉平衡

    B. 色彩饱满

    C. 明暗程度

    D. 造型的平衡

3. 下面关于归纳纺织品表现的规律错误的是（　　）。

    A. 根据布纹的走向及来龙去脉来表现

    B. 画出褶皱的立体感，注意三大面五大调子的明暗变化

    C. 画时考虑布纹的疏密关系，进行概括、取舍处理

    D. 以上说法都不对

三、简答题

1. 画面信息量的表达方式主要有哪两种?
2. 表现材料材质要有哪几个要点?
3. 简述家居空间平面图绘制步骤。

参 考 文 献

[1] 徐云祥. 装饰造型基础[M]. 2版. 南京：东南大学，2009.
[2] 尹燕，许学民，刘丹. 装饰造型基础[M]. 武汉：湖北美术出版社，2006.
[3] 崔东方. 装饰造型设计基础[M]. 北京：中国建筑工业出版社，2000.
[4] 史嘉珍，齐兴龙. 平面构成[M]. 北京：北京理工大学出版社，2009.
[5] 马公伟，文瑜. 平面构成[M]. 哈尔滨：哈尔滨工程大学出版社，2009.
[6] 赵殿译. 立体构成[M]. 沈阳：辽宁美术出版社，1998.
[7] 卢少夫. 立体构成[M]. 杭州：中国美术学院出版社，2005.
[8] 钟蜀珩. 色彩构成[M]. 杭州：中国美术学院出版社，2005.
[9] 林军，张笑非. 色彩[M]. 哈尔滨：哈尔滨工程大学出版社，2009.
[10] 廖军，吴晓兵. 装饰图案基础[M]. 北京：高等教育出版社，2007.
[11] 李爱红. 图案造型基础[M]. 北京：印刷工业出版社，2007.
[12] 陈莉，李娟娟. 字体设计[M]. 哈尔滨：哈尔滨工程大学出版社，2009.